LE

JARDINISTE MODERNE.

LE NORMANT FILS, IMPRIMEUR DU ROI,
Rue de Seine, n° 8. F. S. G.

LE JARDINISTE

MODERNE,

GUIDE DES PROPRIÉTAIRES

QUI S'OCCUPENT DE LA COMPOSITION DE LEURS JARDINS,
OU DE L'EMBELLISSEMENT DE LEUR CAMPAGNE.

PAR LE VICOMTE DE VIART,

PROPRIÉTAIRE ET CRÉATEUR DES JARDINS PITTORESQUES
(OU PARC) DE BRUNEHAUT.

> Pour embellir les champs, simples dans leurs attraits,
> Gardez-vous d'insulter la nature à grands frais.
> Ce noble emploi demande un artiste qui pense,
> Prodigue de génie et non pas de dépense.
>
> DELILLE.

Seconde Édition.

PARIS.

CHEZ N. PICHARD, LIBRAIRE,
QUAI CONTI, Nº 5.

1827.

VALLON
dans le Parc de Branchant.

Page 210 et Suivantes.

Bourgeois del.t   de Sauds Sculp.t

AVERTISSEMENT.

LA première édition du *Jardiniste moderne*, publiée au mois d'avril 1819, se trouvant épuisée, plusieurs des libraires qui en ont eu des exemplaires en dépôt ayant informé l'Auteur qu'on leur demandoit souvent cet ouvrage, celui-ci s'est décidé à le

faire imprimer une seconde fois ; mais, en
offrant au public cette deuxième édition, il
croit devoir le PRÉVENIR qu'il a paru en 1825
(six ans après l'époque où *le Jardiniste
moderne* a été connu), un volume in-12 à
deux colonnes, avec gravures, ayant pour
titre : *Traité de la composition et de l'ornement des jardins;* que ce traité, dans lequel
on fait de nombreuses citations du *Jardiniste
moderne*, a été en partie calqué sur cet ouvrage, dont on a cherché en outre à déguiser
plus de quarante passages, traitant des *sites,*
des *plantes,* des *eaux* et des *constructions;*
que son auteur a affecté dans son travail les
mêmes divisions que celles du *Jardiniste,*
sans cependant le suivre jusqu'à la fin, ce
qui fait que pour ne rien laisser échapper de
ce qui pouvoit lui convenir, il a pris dans le
chapitre VII les descriptions de différentes

espèces de *scènes*, pour les transporter dans son chapitre III, sur *les Sites*; qu'enfin ce *Traité*, dans tout ce qui a rapport aux jardins irréguliers, n'est au fond qu'une copie défigurée et mal paraphrasée du *Jardiniste moderne*, dont on a simplement changé l'ordre et la construction des phrases, tout en se servant des mêmes expressions : ce qui fait que dans les passages tirés de cet ouvrage, on retrouve cette gêne et ce style confus, effet ordinaire de la rédaction tronquée d'un texte original.

Cet Avertissement n'a, comme on le voit, d'autre but que de faire connoître aux personnes qui liroient l'un et l'autre ouvrage, lequel des deux auteurs est le plagiaire ; car si les lois sont insuffisantes pour réprimer un tel délit, la partie offensée ne peut avoir recours qu'au jugement de la société, qui déverse toujours le mépris sur celui qui s'en rend coupable.

PRÉFACE.

LORSQUE des propriétaires forment
le projet de composer eux-mêmes
leurs jardins, et la plupart s'en amu-
sent, ils n'ont assez souvent que de
foibles notions de l'art; aussi leurs
premiers essais n'offrent-ils communément que des jardins sans caractère, distribués sans ordre, formés

d'objets sans expression, et dont la composition (si .l'on pouvoit donner ce nom à une telle production), dénuée de tous principes, ne présente aucune intention qu'il soit possible de saisir. C'est pourquoi ces jardins, qui ont pu les occuper agréablement dans les premiers momens de leur création, ne tardent guère à leur paroître sans intérêt, lorsque le jugement, éclairé par la jouissance, leur montre à chaque pas les fautes de l'inexpérience. Le goût perfectionné cherche alors à réparer; mais veut-on corriger d'un côté, le changement découvre d'autres défauts qui n'avoient pas encore été aperçus ; et c'est avec découragement, faute de connoissances suffisantes, qu'on tente d'y remédier. Les détails déjà faits, et sans aucune liaison entre eux, contrarient presque toujours les dispositions d'un *ensemble* qu'on sent enfin la nécessité d'établir ; et la grande difficulté qu'on éprouve dans la réforme, ne permet pas, par fois, de la poursuivre.

Ne pourroit-on pas, en développant avec méthode les principes de *l'art des jardins pittoresques*, et y ajoutant quelques observations pratiques sur leur composition (réunissant ainsi les exemples aux préceptes), faciliter les moyens de rectifier, ou prévenir, pour de nouvelles entreprises, des erreurs souvent fâcheuses à la fortune et aux jouissances des propriétaires?

LE JARDINISTE

MODERNE.

CHAPITRE PREMIER.

RÉFLEXIONS PRÉLIMINAIRES.

✂-⊛-✂

L<small>E</small> *nouvel* A<small>RT DES JARDINS</small>, que l'on pourroit appeler la J<small>ARDINIQUE</small> *, ayant

---

* *Jardinique* et *jardiniste*. Ces deux *substantifs* qui manquent dans notre langue, ne pourroient-ils pas y être admis, maintenant que le goût des *jardins irréguliers* est devenu si général; et le mot J<small>ARDINIQUE</small> n'exprimeroit-il pas bien l'existence de C<small>ET</small> A<small>RT</small> qui embrasse dans son ensemble, presque toutes les productions de pour but de faire jouir complétement d'une partie des avantages et des plaisirs que la nature réserve à l'homme sensible, ne peut produire son effet que dirigé par le génie, la raison et le goût.

Un jardin bien conçu doit, au moyen des objets qu'il comprend, faire des impressions vives sur les sens et sur l'imagination. Le JARDINISTE, ou compositeur de jardins, s'efforcera donc de captiver

la nature, qui sait les combiner à son imitation, et en tirer, avec le secours de l'architecture et de la sculpture, les effets les plus puissans pour émouvoir les sens, et même jusqu'à l'âme ; de CET ART qui, par les jouissances qu'il procure à l'homme en société, devroit prendre son rang parmi les arts libéraux avec lesquels il a tant de rapport ? et le nom de JARDINISTE ne distingueroit-il pas enfin l'artiste avoué qui crée les jardins, de l'ouvrier qui les cultive ?

par un enchaînement harmonieux d'é-
motions diverses, causées par le rassem-
blement des plus beaux effets que présente la nature champêtre dans ses
variétés.

Son art lui permet encore de créer
des combinaisons heureuses dont cette
même nature n'offre peut-être pas de
modèle positif, mais qu'elle ne sauroit
désavouer, et d'associer à ses charmes
les différens objets des arts qui peuvent
en augmenter l'influence.

Les premières études du jardiniste
seront en conséquence l'exacte observation des *effets* de la nature, ainsi que
des *objets* qui les produisent; les caractères des uns et des autres étant extrê-
mement variés, ils font sur nous diffé-

rentes impressions, et il est peu de nos sens qu'ils n'affectent plus ou moins agréablement! Il doit donc, avant que d'entreprendre aucune composition, acquérir la connoissance parfaite de ces choses, afin d'en pouvoir faire un choix judicieux, et en tirer le parti le plus favorable au succès de ses travaux.

De tous les OBJETS GÉNÉRAUX dont les tableaux de la nature se composent, QUATRE seulement sont à la disposition de l'homme; ce sont : les *sites*, les *plantes*, les *eaux* et les *constructions*. Chacun de ces objets ayant des subdivisions particulières, leur diversité, leur choix, leur combinaison, constituent l'existence des jardins. Le ciel et la lumière, sur lesquels l'artiste n'a nul pouvoir direct, viennent cependant donner la dernière touche à ses compositions, s'il a bien su les ordonner.

CHAPITRE II.

DES SITES.

><·6·><

La nature compose LES SITES de plaines, d'éminences, de coteaux et de montagnes, dont se forment les vallées et les vallons.

1. Plaines.

Un terrain plat, d'une étendue plus ou moins vaste et sans pente sensible, est ce qu'on désigne sous la dénomination de *plaine*. Il en existe de plu-

sieurs genres et dans diverses situations.
Les unes sont placées au sommet des
collines ou des montagnes, se présentant sous l'aspect de grands plateaux
presque toujours secs, occupant les
espaces qui séparent les différentes vallées d'une même contrée.

D'autres s'étendent au pied de coteaux
très-éloignés entre eux, sont quelquefois
sans eau, mais le plus souvent maré-
cageuses.

De plus petites plaines se trouvent
aussi au-dessus des éminences isolées,
ou composent le fond des vallons un
peu étendus.

Il peut arriver qu'une plaine soit sans
aucune limite apparente : cette situation,
naturellement triste, deviendra encore

agréable, si l'on sait bien l'entourer de plantations; et s'il est possible de l'animer par de grandes surfaces d'eau, elle acquerra, presque toujours, un caractère de grandeur.

2. Éminence.

L'éminence offre plus de gaîté; elle donne de la dignité aux objets qui sont à son sommet, ou leur procure sur ses penchants une heureuse situation; sa beauté dépend de sa figure, qui doit éviter les formes anguleuses et les pentes régulières; des lignes ondoyantes, convexes en approchent du sommet, concaves vers leurs bases, se perdant insensiblement sur le niveau : toutes ces dispositions donneront aux éminences les formes les plus agréables.

Ce ne sera qu'après avoir bien observé l'application que la nature fait de toutes ces lignes, que le jardiniste pourra espérer quelque succès de son ouvrage, s'il se trouve dans le cas de l'imiter.

3. Coteaux, montagnes et vallons.

Les collines, ou les coteaux, diffèrent des éminences, en ce qu'ils sont plus prolongés, et forment, opposés les uns aux autres, les bassins des vallées ou le cours des vallons. L'art des jardins a peu d'empire sur eux, et encore moins sur les montagnes; mais l'artiste s'en empare pour les orner d'objets analogues à ses projets, et laisse à la nature seule le pouvoir de les créer, sans penser à la contrefaire.

C'est entre leurs pentes, qui laissent ordinairement entre elles une plaine ou terrain à peu près de niveau, que serpentent et coulent souvent les ruisseaux et les rivières qui se trouvent naturellement dans ces situations. Il n'est pas que la nature n'offre aussi des enfoncements et des vallons sans eau, mais leur forme est à peu près la même, et le terrain sur lequel viennent de chaque côté tomber les collines, varie seulement par plus ou moins de pente jusqu'au milieu du vallon.

Les entreprises et les soins du compositeur, à l'égard des coteaux et des vallons, se réduiront à rectifier quelques erreurs ou négligences de la nature : en adoucissant des angles trop aigus, en continuant des pentes trop brusquement interrompues, faisant ainsi ressortir ses plus beaux traits que diverses circonstances auroient pu altérer ; surtout en assainissant les vallées par le dessèchement des marais, et en fixant aux eaux qui les arrosent, un cours libre et gracieux.

4. Vallons simulés.

Le jardiniste pourra, à l'aide de plantations, fortifier en apparence l'élévation des coteaux, et même faire supposer *un vallon* dans un site absolument uni, en l'environnant de bois de chaque

côté, et en établissant, dans l'une ou
l'autre supposition, ses plantations par
degré, c'est-à-dire, en plaçant sur les
bords des arbrisseaux, ou les arbres de
la plus petite espèce, ceux de moyenne
grandeur après, et les plus élevés sur le
derrière.

Si le terrain, au devant, et vers les
commencements de la plantation est disposé par l'art ainsi que la nature le modèle à la base des collines, et que le
fond du bois soit bien fourré, on sup-
posera le sol s'élevant dans la même
proportion que le sommet des arbres,
et l'on pourra se croire dans un véritable vallon.

Il faudra, pour que l'illusion se sou-
tienne, faire un choix étudié des arbres,

afin que leurs branches et leur feuillage se mêlent bien de forme et de couleur, et qu'on ne puisse pas, au premier coup d'œil, reconnoître trop facilement la différence de leurs espèces, et par conséquent leur dimension positive.

3. Les Rochers.

Les rochers entrent assez souvent dans la formation des montagnes et des coteaux; l'artiste qui les rencontreroit dans les lieux qu'il auroit à traiter, cherchera à les approprier à ses compositions, s'ils n'y sont pas trop nombreux, ou à approprier ses compositions au local, si les rochers y sont très-dominants, car c'est inutilement qu'il tenteroit de changer le caractère d'un site trop prononcé.

Ce n'est aussi que rarement qu'il osera les réunir comme matériaux : un des cas où il pourroit l'essayer, est celui où ils lui deviendroient nécessaires pour produire quelque effet d'eau remarquable; il doit alors ne laisser paroître de cette construction que les parties indispensables à cet effet, car moins on y verra de rochers, plus ils y sembleront naturels.

Tous les efforts de l'homme étant vains pour d'autres imitations parfaites de ce grand œuvre de la nature, ce n'est donc plus que dans la disposition des sites qui environnent les rochers, et que par l'art avec lequel il les fera valoir (soit qu'il faille les découvrir ou les cacher pour les associer à la scène), que le jardiniste pourra faire encore preuve de son talent.

CHAPITRE III.

DES PLANTES.

Ce sont LES PLANTES qui colorent et modifient les sites, et contribuent par-là à les embellir. Elles se divisent en *plantes ligneuses*, qui sont les arbres, les arbrisseaux et les arbustes; et en *plantes herbacées*, qui sont les gazons, les plantes annuelles et vivaces à fleurs.

C'est de ce petit nombre d'objets que

se composent des plantations et des effets de tous genres, puisque les *foréts*, les *bois*, les *bocages*, les *bosquets*, les *groupes*, les *massifs*, les *arbres isolés*, les *buissons*, les *plantes à fleurs* et les *gazons* suffisent par leur diversité, par leur assemblage et par leur opposition, à un nombre infini de combinaisons, qui peuvent fournir à toutes les compositions que l'imagination peut concevoir.

Pour faire un juste emploi de ces différentes espèces de plantations, il faut, avant d'entreprendre de les former, connoître parfaitement tous les objets de la végétation, non absolument sous le rapport botanique, mais sous celui de l'effet pittoresque ; connoître le degré d'élévation où chacun

d'eux doit parvenir dans son âge moyen;
connoître leur port, la nuance de leur
verdure, le volume plus ou moins fort
de leur feuillage et de leurs fleurs; connoître enfin le sol qui leur convient :
instruction que l'on ne peut acquérir
que par des observations suivies, même
un peu d'expérience, et qui peut seule
assurer le succès de l'entreprise *.

La nature, en un mot, ne nous donne
que les matériaux, et c'est au jardiniste
à savoir les réunir, pour en obtenir les
effets dont il doit embellir les jardins.

I. Arbres isolés.

Avant de commencer la combinaison

* Les jardius bien plantés peuvent aider à cette
étude.

des plantations, l'arbre, l'arbrisseau et l'arbuste isolés se présentent d'abord.

Un arbre *seul* peut être remarquable, soit par la place qu'il occupe, soit par son caractère particulier. Plus il est isolé, plus il se fait remarquer. L'artiste ne placera donc dans les situations évidentes que ceux qui se font distinguer par quelques traits avantageux. Il préférera les effets qui sont de longue durée, à d'autres peut-être plus brillants, tel que celui produit par les fleurs, parce qu'elles n'existent que trop peu d'instants.

Un arbre isolé sert souvent à atteindre différents buts.

Il peut établir une liaison entre des parties séparées, interrompre des lignes droites, quelquefois conduire l'œil vers un objet intéressant, et très - souvent voiler un point de vue ; placé sur une pelouse, il est un ornement simple et toujours naturel.

Des arbres isolés, plantés à différentes distances et dans diverses directions, peuvent occuper de grands espaces, et, par le rapport visible qu'ils ont entre eux, former une espèce de composition qui ne ressemble ni à un bois, ni à un bocage, mais qui porte un caractère distinct de grandeur, et qu'on pourroit nommer *masse d'arbres isolés*. Ils servent aussi à encadrer avec grâce des lacs et des pelouses, en évitant toute régularité dans leurs dispositions.

Les arbres en lignes sinueuses, placés à des distances inégales, peuvent encore servir à ombrager le cours des eaux, à tracer des routes et des sentiers; mais il ne faut pas que ces lignes soient trop long-temps prolongées, car leur sorte de précision qui approche de la régularité, les feroit sortir du genre pittoresque.

Rien ne fait paroître plus distinctement un enfoncement formé par des plantations épaisses, que des arbres isolés. placés en avant; ces arbres sont comme une espèce d'échelle qui sert à mesurer la distance, et ils augmentent beaucoup en apparence la profondeur de ces enfoncements.

2. Arbrisseaux et arbustes isolés.

Un arbrisseau ou un grand arbuste

isolés produiront dans bien des cas autant et même plus d'effet qu'un arbre seul ; s'il s'agit, par exemple, de cacher quelqu'objet qu'un arbre laisseroit entrevoir en partie sous ses branches. Ces buissons d'arbrisseaux et d'arbustes ont encore leur agrément particulier qui les fait remarquer, lorsqu'ils sont placés dans des lieux proportionnés à leur volume, ou observés à des distances convenables.

3. Groupes.

La combinaison bien marquée de plusieurs arbres entre eux, forme ce qu'on entend par le mot de *groupe*. Il peut être plus ou moins considérable, sans cependant excéder de beaucoup

en étendue la hauteur qu'il peut acquérir dans un moyen âge; les groupes,
qui s'étendent plus en largeur qu'en
hauteur, étant rarement d'un aspect
agréable.

Ce qui distingue le *groupe* du *massif*,
c'est qu'il ne souffre pas le mélange du
taillis, des arbrisseaux ni des arbustes,
et que chaque arbre qui le compose
doit sortir du gazon, et élever assez sa
tige sans branches pour qu'on puisse
circuler facilement dessous. Il faut, en
formant les groupes, varier avec soin
les distances entre les arbres; et le meilleur effet que ceux-ci puissent produire,
est que leurs têtes réunies ne présentent
qu'une seule masse de feuillage. On devra
donc les choisir d'espèces analogues, car

des arbres, de caractères opposés, ne pourroient former des groupes bien parfaits.

Les positions les plus favorables aux groupes isolés sont : la cime ou le penchant des collines, les vastes pelouses, le bord des lacs et des grandes rivières; le ciel, les grands espaces ou les eaux, aperçus entre les tiges des arbres, les faisant ressortir avec avantâge. Les branches du bas, tenues à une hauteur convenable, peuvent aussi, lorsqu'ils sont situés au bord des eaux, en cachant la rive opposée, laisser soupçonner une bien plus grande étendue que celle qui existe réellement.

4. Massifs.

Les groupes deviendront des *massifs* en les étendant plus ou moins et en les remplissant de taillis ordinaires, ou en les garnissant d'arbrisseaux et d'arbustes à fleurs. Ils demanderont alors moins d'étude dans la disposition des arbres dont on ne verra plus les tiges ; mais ils exigeront encore du travail pour en former de belles masses de verdure, et en varier les tons.

Des massifs, répandus à une certaine distance sur un vaste espace et autour d'une place découverte, entremêlés de *groupes* à travers lesquels on puisse facilement apercevoir d'autres massifs au-delà, formeront un ensemble de plantation qui conviendra souvent mieux à quelques situations qu'un *bois* proprement dit; en ce qu'il présentera de grandes ouvertures qui permettront à l'œil d'y pénétrer de tous côtés, et d'y rencontrer des aspects imprévus qui plairont à celui qui l'observe de loin, comme à celui qui le parcourt lentement.

Cette alternative de groupes et de massifs, séparés par de très-grands intervalles, dans lesquels on aura pu placer des arbres isolés, offrira une *composition* qui tiendra le milieu entre le bocage et le bosquet, sans cependant être ni l'un ni l'autre, et qu'on appellera *semi-bois*.

5. Bocages.

C'est de la réunion d'un certain nombre de groupes que se forme le *bocage ;* mais il ne suffit pas de les espacer indistincte- ment ou à des distances égales, il faut que plusieurs groupes plus ou moins con- sidérables se réunissent (en laissant ce- pendant entre eux des intervalles dis- tincts et variés) pour former ensemble de plus grands groupes composés, les- quels suivront à leur tour les mêmes principes que les groupes simples qui les composent, c'est-à-dire qu'ils varie- ront dans leur forme et dans leur vo- lume, ainsi que les distances qui les séparent : si les intervalles qu'ils laissent

entre eux sont bien proportionnés à leur
étendue, il en résultera de larges clairières, qui traverseront le bocage en différentes directions, et produiront une
multiplicité d'effets qui font le charme
de ce genre de plantation.

Un arbre seul n'est admis dans cet
ensemble que s'il devenoit nécessaire,
soit pour rapprocher des parties trop
éloignées; soit pour remplir un trop
grand vide; car, comme arbre isolé, il
y est sans effet, se trouvant absorbé par
tous les groupes qui l'environnent.

Il est des situations qui peuvent demander des bocages plus clairs, ou plus
légers. Ils deviendront plus clairs, et sans
sortir du genre, en espaçant davantage
les arbres, ou en formant les groupes

d'un moins grand nombre d'arbres ; mais aussi en donnant plus d'étendue aux intervalles et aux clairières.

Les bocages seront plus légers, en s'écartant un peu du principe général de leur composition ; ce qui a lieu en jetant sur l'espace des groupes isolés, de plus petites dimensions, sans aucun rapport entre eux, et placés à d'assez grandes distances. Ce genre, dans bien des occasions, peut avoir beaucoup d'agrément, et aussi être employé avantageusement à servir de cadre à des routes ou à des sentiers que l'on voudroit foiblement ombrager.

Le jardiniste se trouve souvent dans le cas de disposer d'un bois en futaie, pour le convertir en bocage. Ce n'est

2.

alors qu'avec beaucoup d'étude, de travail et de soin qu'il pourra parvenir à produire l'effet qu'on attend d'un bocage entièrement planté d'après les principes; mais aussi, s'il y réussit, quelques printemps seulement suffiront pour garnir de jennes branches les arbres qui resteront, et pour procurer une jouissance qui n'est ordinairement que le résultat d'une longue attente.

L'attention se portera donc d'abord sur les arbres dont se compose l'ancienne plantation, et sur les allées qui la divisent. On tâchera de faire entrer dans l'abattis les arbres les plus gros et les plus volumineux en branches, surtout s'ils sont placés sur la bordure des percées, en prenant toutes les précautions possibles pour qu'ils ne cassent point les arbres qui devront rester, qu'on choisira, parmi les moyens et les plus jeunes que comprend la plantation.

Cette première opération faite, il faut chercher à former des groupes avec les arbres restés sur pied, en suivant les principes généraux ou particuliers du bocage, selon le cas demandé par le local, soit en ôtant ceux qui seroient nuisibles, soit en en plantant (où il seroit nécessaire pour donner à ces groupes les formes convenables) de ceux même qu'on sera obligé de retrancher, s'ils sont assez jeunes ou d'une espèce susceptible de réussir à la transplantation.

Deux ou trois groupes, bien disposés, suffiront pour détruire les ouvertures en lignes droites, surtout si l'on en a abattu les bordures. Ces vides entreront aisément dans la composition des clairières qui, s'étendant de côté et d'autre sur la superficie qu'occupoit la masse du bois, en feront disparoître entièrement les anciennes formes.

Il est peu de situations dans un jardin où les bocages ne figurent avec succès, et on les y recherche presque toujours ; car ils sont un des *sujets* de plantations le plus remarquable et le plus attrayant de ceux que peut créer la jardinique *.

---

* Les arbres qui composent les groupes des bocages, doivent être d'un caractère à peu près semblable par leur dimension, par la direction de leurs branchages, et par la nuance de leur feuillage, afin de former par leur réunion un *ensemble* certain.

6. Bosquets.

De toutes les compositions formées par les bois qui contribuent à l'embellissement des jardins, *le bosquet* est celle qui offre le plus de variétés, puisque c'est de l'assemblage de presque tous les genres de plantations que se compose un bosquet bien disposé. Il n'est, en effet, qu'un mélange heureux d'arbres isolés, de buissons, de massifs, de groupes détachés, et même quelquefois de portions de bocages.

L'emplacement qu'on destinera au bosquet, devra se trouver dans une des positions les plus riantes du local, et, autant qu'il se pourra, aux environs de

l'habitation, afin qu'on puisse jouir,
dans chaque saison et à chaque instant
du jour, de tous les agréments qu'il peut
offrir. Son ensemble se formera d'une
succession de massifs composés d'arbres, d'arbrisseaux et d'arbustes à fleurs
ou d'agrément; quelques uns, seulement
d'arbrisseaux et d'arbustes. Ces massifs
doivent, par leurs dispositions, produire
de tous côtés des clairières variées de
forme et de dimension; ils seront plus
ou moins étendus, sans s'écarter néan-
moins des proportions convenables à la
distance d'où l'on peut les apercevoir,
en parcourant l'intérieur du bosquet.

Des dimensions propres à des massifs
vus de près pourroient quelquefois produire un mauvais effet, si ces planta-

tions étoient destinées à entrer dans la composition d'un tableau principal, ce qui arrive assez souvent. L'artiste, dans ce cas, doit étudier leur position, afin que plusieurs de ces massifs, se combinant entre eux, puissent former, par leur réunion apparente, des masses assez étendues pour figurer avec convenance dans l'ensemble de ces grands tableaux observés particulièrement des points principaux de l'habitation.

Ces massifs n'étant pas les seuls objets dont se compose *le bosquet*, leur suite peut être interrompue par des groupes de proportions différentes, souvent seuls et isolés, d'autres fois réunis en masse de trois ou quatre, et formant de petites portions de bocages qui ombrageront agréablement les sentiers qui peuvent les traverser.

Les principales clairières seront décorées par un ou plusieurs arbres isolés, toujours remarquables par quelques traits caractéristiques ; d'autres seront coupées par des buissons d'arbrisseaux ou d'arbustes distingués par quelques particularités intéressantes. L'on observera, si l'on jette plusieurs arbres isolés sur une même clairière et qu'on ne puisse les placer à de grandes distances, de les choisir d'espèces bien différentes, afin de mieux caractériser l'isolement, et pour qu'on ne puisse jamais les prendre pour des groupes mal formés ou désunis.

Le jardiniste aura d'avance acquis la connoissance des plantes ligneuses qui

peuvent servir à la formation de ses bosquets, pour les disposer de manière à
les faire ressortir heureusement par rapport à leurs tailles, à leurs feuillages et
à leurs fleurs, cherchant toujours à cacher
leurs défauts et à mettre leur grâce en
évidence.

Les plantes herbacées à fleurs, et des
gazons soignés concourront à l'embellissement de cet *ensemble*, que des sentiers
bien dessinés et les clairières aideront à
parcourir, développant sous les pas des
effets sans cesse variés, dont tous les rapports, ne pouvant être saisis d'abord,
produisent, chaque fois qu'on revient
sur les lieux, des émotions nouvelles.

Quelques jolis lointains, la limpidité
et le murmure des eaux, si la nature

3

sembloit les y avoir amenées, achève-
roient de donner à cette composition les
traits gracieux qui doivent la distinguer *.

7. Bois.

Un terrain étendu, planté sans des-

---

* Pour procéder avec quelque avantage à la plantation
d'un *bosquet*, ou à celle d'un *jardin* de médiocre étendue
qui doit en avoir le caractère, il faudroit, premièrement,
dresser un état de tous les arbres, arbrisseaux et arbustes qu'on veut y employer, en les distinguant en
cinq ou six classes relativement à la hauteur où par-
vient chaque espèce ;

Secondement, diviser chacune de ces classes en autant de sections qu'en peut comporter la différence de
couleur des fleurs que le printemps voit éclore.

Ce travail serviroit, lorsque les plants arriveroient de
la pépinière, à les faire placer suivant cet ordre dans un
terrain voisin du lieu où l'on auroit à opérer ; et cette
méthode, qui faciliteroit beaucoup l'exécution, pourroit
(en suivant le précepte déjà recommandé) devenir le
principe d'une œuvre remarquable qui assureroit la ré-
putation de son auteur.

sein apparent ni intention présumée, est, dans l'art des jardins, ce qu'on appelle proprement *un bois*. Son caractère doit être la grandeur et l'unité; il faut pour qu'il parvienne à ce but, qu'il se compose d'arbres d'espèces à peu près semblables, fournis en branches, et d'un feuillage abondant.

Il peut se former d'arbres élevés, assez rapprochés pour ne point laisser d'espaces vides entre leurs branches : telles sont les futaies. Si les arbres sont plus éloignés, il faut qu'ils soient réunis par un taillis qui occupe tout l'espacement.

Dans beaucoup de situations, un taillis seul, sans aucun mélange d'arbres qui s'élèvent au-dessus, produit un aspect plus convenable que les deux autres

espèces de bois que l'on vient de désigner. Ses effets, quoique l'art y ait
souvent contribué, y paroîtront presque
toujours un jeu aimable de la nature.

Lorsqu'un bois est situé sur une col-
line, il doit s'étendre jusque sur le sommet; car s'il laissoit apercevoir un espace
vide au-dessus de lui, il paroîtroit petit
et perdroit le caractère principal qui lui
convient; mais il peut très-bien rester
suspendu sur le penchant; cette situation
ayant beaucoup de grâce, quand quelques parties descendant plus et d'autres
moins, forment, par ce moyen, plusieurs
enfoncements qui, se présentant dans
diverses directions, produisent un mélange de lumière et d'ombre répandues
sur les contours extérieurs du bois; effet

qui est bien préférable à l'aspect d'une ligne uniforme également éclairée. Dans d'autres situations, les distances qui se trouvent entre les parties saillantes et le point le plus reculé des enfoncements, lorsqu'on observe les bois en face, ou entre les différentes saillies, lorsqu'on les aperçoit de côté, donnent encore beaucoup d'agrément à la ligne horizontale que la cime des plantations dessine sur le ciel, chaque partie fuyant l'une derrière l'autre à mesure qu'elles s'éloignent de l'œil, et présentant des masses distinctes qui déterminent et prolongent les perspectives *.

* Ces dispositions extérieures des *bois* sont applicables à toutes les espèces de plantations, particulièrement lorsqu'elles font partie du cadre des principaux tableaux.

Des arbres isolés serviront à varier et
à allégir les limites des bois, et à croiser
l'entrée de leurs enfoncements. Des groupes légers produiront encore mieux cet
effet quand les parties deviennent très-
étendues; mais la position permettra
souvent d'employer ces deux moyens à
la fois.

Les agréments d'un *bois* ne restent
pas bornés à sa surface et à sa ligne extérieure, il est susceptible au dedans de
beaucoup d'autres dispositions. Les routes, qui aideront à le parcourir, développeront dans leurs contours les différents effets dont il peut être embelli.

Un enfoncement, situé entre deux
petites collines, offrira une entrée favorable à la route qui pénètre dans un

bois, et qui sera quelquefois l'avenue
d'une habitation. Des lignes d'arbres
peuvent dès le commencement suivre
quelque temps les sinuosités de cette
route, en se développant avec elle sur
le milieu d'une pelouse, limitée de chaque côté par des bois touffus, et dont
les bords se formeront au moyen de
grands massifs séparés par des intervalles, toujours moins étendus que la
clairière où se dirige le chemin, afin
de ne point distraire du but principal.
A mesure qu'on avance, les bois venant
à se rapprocher, la ligne d'arbres, qui
traçoit la bordure, ira se perdre dans
celle du bois qui servira pendant quelque temps de cadre à l'avenue. L'espace
s'élargira insensiblement, et donnera

naissance à plusieurs clairières, qui s'enfonceront de côté et d'autre dans le fourré, dont les entrées seront divisées tantôt par de petits massifs, d'autres fois par des arbres jetés en avant; mais toujours disposés de manière à ne point interrompre la marche de la route, surtout si elle est destinée à former avenue, mais plutôt à la déterminer. Si l'emplacement vient à s'élargir davantage, des groupes d'arbres d'un côté, un arbre isolé de l'autre, que quelque singularité fasse remarquer, ressortiront avec grâce sur la pelouse, et serviront à indiquer la continuité du chemin. Plus loin, un buisson aidera à fondre la ligne de ces groupes dans celle que formeront quelques arbres qui se trouveront détachés du bois, quoiqu'ils en suivent les contours. La route, qui jusque-là a parcouru les sinuosités du petit vallon dans lequel elle s'étoit engagée et a monté peu à peu, arrive à un plateau où la clairière pourra s'élargir de différents côtés, par la réunion de plusieurs chemins qui viendront se joindre à la route principale ou à l'avenue. Un poteau, propre à indiquer celle de ces routes qu'on doit prendre, devient dans cette occasion un attribut de caractère, et cet objet, quoique peu considérable en lui-même, produira beaucoup d'effet dans une semblable situation. S'il éclaircit l'incertitude, il fera toujours naître l'idée d'étendue, et reculera beaucoup les limites du bois à l'imagination. Cette

impression sera la source d'une transition inattendue, si au premier détour
l'objet où tend l'avenue se montre
tout à coup sous un aspect flatteur, situé sur une pelouse découverte environ-
née de plantations majestueuses et variées qui laissent pénétrer la vue sur
une grande masse d'eau, au-delà de laquelle la perspective aille se perdre dans
le lointain.

Un semblable effet ne laissera pas,
sans doute, regretter l'insipide monotonie qu'offrent ces larges allées en
lignes droites qui, traversant les bois
de part en part, les défigurent bien loin
de les embellir.

C'est par ces moyens, ou par beaucoup d'autres que les circonstances et

le goût inspireront au jardiniste, que
les bois acquerront tout le charme dont
ils sont susceptibles.

8. Forêts.

Un espace immense, couvert d'un
assemblage d'arbres élevés et souvent
pressés, quelquefois éclaircis, toujours
irrégulièrement plantés par la nature,
constitue la *forêt*.

L'artiste est rarement dans le cas de
la créer; mais il peut plus souvent en
disposer, soit comme aspect, soit comme
site. Quand elle se trouve dans le voisinage d'un jardin, ou plutôt d'un parc,
elle procure des promenades étendues
et toujours intéressantes, si on évite de

la percer par des lignes droites et d'é-
gales largeurs, comme on a cru nécessaire de le pratiquer pour la facilité de
la chasse. On pourroit avec autant d'a-
grément s'y livrer à cet exercice, si l'on
y formoit des routes légèrement sinueuses, d'une plus grande largeur, qui tien-
droient plutôt du caractère de la clairière que de celui des allées; ces ouvertures varieroient dans leur largeur et
dans la forme de leurs côtés; leur réunion offriroit de vastes pelouses qui
pourroient être décorées de groupes et
d'arbres isolés. Plusieurs de ces routes,
laissant entrevoir ou découvrant entièrement à leurs extrémités le ciel, la
campagne, quelques objets remarquables, ou un beau paysage, prévien-

droient suffisamment l'inquiétude que peut causer une aussi grande étendue de bois ; et cette disposition, quoique s'écartant de la forme commune, plairoit indubitablement, et pourroit même ajouter quelque nouvel attrait aux plaisirs des chasseurs.

Une portion de *forêt*, livrée par la nature encore libre à la discrétion d'un créateur de jardins, est une heureuse fortune que le jardiniste peut rarement espérer de rencontrer ; mais si la chose avoit lieu, quel avantage il auroit à traiter une semblable situation ! Là, chaque coup de hache produiroit un changement favorable ; les différents caractères des bois s'y développeroient sur les traces du bûcheron ; les aspects les plus variés y ressortiroient à l'instant ; et cette précieuse circonstance procureroit promptement au propriétaire des jouissances qu'il n'obtient autrement qu'après avoir vu s'écouler ses plus belles années.

TOUTES les compositions, ou *sujets* différents formés par les bois dont on vient d'établir la distinction, prouvent à quel point les arbres, les arbrisseaux et les arbustes disposés avec intelligence, fournissent de combinaisons variées, et tout le parti qu'on peut en tirer pour décorer les tableaux de la nature.

9. Plantes herbacées à fleurs.

Les fleurs que produisent les *plantes herbacées* plaisent comme celles que por-

tent les arbres, les arbrisseaux et les arbustes, par leur variété, par leur odeur
et par la diversité de leur couleur; s'il
en est qui soient douées de moins de
parfum que celles des arbrisseaux, elles
en sont dédommagées par leur éclat et
par une plus longue durée. Elles ont
aussi l'avantage de venir à propos, pour
nos plaisirs, remplacer les fleurs si fra-
giles de la première saison.

Les plus élevées de ces plantes, placées dans des massifs, peuvent procurer
une sorte d'illusion, si on a eu soin de
les planter près des arbrisseaux dont les
fleurs ont un rapport de ressemblance
avec les leurs. Quelques touffes de petites plantes basses et odorantes, qui se
laisseront à peine apercevoir, répandront

un parfum qu'on attribuera souvent aux
fleurs qui se font le plus remarquer, et
le prestige soutenu par ce moyen, on
peut, dans les beaux jours d'automne,
croire sentir et respirer encore l'air pur
et balsamique du printemps.

Il n'est guère possible de faire usage
des plantes herbacées annuelles et vivaces à fleurs, avec quelque avantage,
que dans la composition du bosquet, ou
réunies à des massifs d'arbustes détachés
qui décorent les pelouses et les environs
d'une habitation ; les répandre partout indistinctement, seroit anéantir l'effet riant
qu'elles doivent produire, et courir le
risque encore de détruire le caractère
des autres lieux où l'on auroit voulu les
introduire. Effectivement, est-ce au fond

d'un bois, au centre d'un bocage qui ne veut que des gazons, ou sur les bords d'un lac ou d'une rivière, qu'on doit s'attendre à rencontrer des objets qui demandent des soins de culture, et dont toutes les places doivent être étudiées pour procurer l'effet qu'on s'en promet?

S'il est quelques fleurs qui conviennent à la bordure et aux clairières des bois, à l'ombre des bocages, ce sont celles que la nature y fait naître elle-même, et qui sont la plupart d'espèces bulbeuses ; telles que les crocus, les jacinthes sauvages, le muguet, et aussi de petites plantes rampantes, parmi lesquelles l'odorante violette tiendra la première place.

3.

10. Prairies, gazons et pelouses.

Entre tous les objets de la végétation
dont le jardiniste peut disposer à son
gré, les herbes qui forment les *prairies*,
les *gazons* et les *pelouses*, occupent le
dernier rang, comme l'arbre forestier
en occupe le premier. Quelle variété
entre ces deux extrêmes, et quelle res-
source n'offre-t-elle pas au talent, puisque même ces deux termes opposés s'as-
socient si bien entre eux! Rien n'est-il
plus en harmonie, en effet, qu'un tapis
vert étendu, groupé d'arbres majestueux?

La fraîcheur des gazons convient aussi
bien aux parties variées dont se compose
le bosquet. Ils feront ressortir les lisières
des bois, et en se développant sur les

grands espaces que les plantations laissent entre elles, ils reposent agréablement la vue et lui facilitent les moyens de se porter sur les différents objets dont ces espaces sont environnés. Leur charme, dans toutes ces circonstances, est incontestable, et il est peu de situations dont ils ne soient un objet capital. Cette remarque ne se fait jamais mieux sentir que lorsqu'on voit un pré, dont les herbes sont mûres, se métamorphoser tout à coup en gazon sous les pas des faucheurs : alors, comme par enchantement, le pays s'agrandit, les différents objets ressortent, et les lointains reprennent toute leur étendue.

Les prés sont intéressants, sans doute, mais plus particulièrement sous le rapport de l'utilité ; car les gazons et les pelouses ont seuls le pouvoir d'embellir constamment les jardins.

La pelouse se distingue des gazons, en ce que ceux-ci exigent des soins ; tandis que la nature et les troupeaux seront les jardiniers des pelouses.

Les formes apparentes des espaces sur lesquels s'étendent les gazons, sont toujours subordonnées à celles des plantations qui leur servent de cadre, et elles varient suivant les différents points d'où l'on peut les observer. Ces espaces, n'ayant donc aucunes limites fixes ni précises, tiennent toute leur grâce des dispositions agréables des objets qui les environnent.

CHAPITRE IV.

DES EAUX.

≻·☯·≺

La nature nous présente LES EAUX sous des formes et des caractères bien opposés. Rassemblées en masse dans des bassins naturels non fluentes (c'est-à-dire sans mouvement sensible qui leur soit propre), elles offrent les lacs et des nappes d'eau moins considérables, créées par des sources souterraines. Etendues en courants, elles forment les ruisseaux, les rivières, les torrents. Contrariées dans leur marche, elles produisent les cataractes, les chutes et les cascades.

1. Sources.

Les bassins, contenant les sources qui donnent communément naissance aux ruisseaux, prennent presque toujours des formes variées par la nature du terrain qui les environne : l'artiste qui se trouveroit engagé à disposer ces mêmes bassins, évitera cependant celles qui n'offriroient pas la grâce ou l'expression convenable à la situation ; car rien n'est à négliger dans une petite étendue, dont toutes les divisions sont aperçues d'un seul coup d'œil.

Les sources se montrent assez souvent au pied de quelques rochers, jaillissant même au milieu d'eux. Cette circonstance est très-favorable à l'art du jardiniste qui peut en tirer des effets de différents genres, mais toujours champêtres et pittoresques, s'il sait, en profitant de ce que la nature lui livre déjà de bien, suppléer avec intelligence, goût et adresse, à ce qui pourroit manquer, et compléter ainsi son ouvrage imparfait.

2. Ruisseaux.

Les sources, en s'échappant de leurs bassins, forment des ruisseaux plus ou moins considérables, qui prennent dans leur cours des caractères différents, tantôt vifs et murmurant, d'autres fois tranquilles et silencieux : leurs courants, tels qu'ils soient, invitent toujours à suivre leurs détours souvent multipliés.

Les réunions de plusieurs petits ruisseaux opposent quelquefois, lorsqu'on veut suivre leur marche, des obstacles qu'on a quelques difficultés à vaincre, mais aussi dont on a quelque plaisir à triompher.

3. Rivières.

Les confluents successifs des ruisseaux augmentant peu à peu le volume des eaux, ces courants perdent insensiblement leur caractère pour prendre celui de petites rivières, dont les développements varient en raison de la sinuosité des vallons qu'elles arrosent. Ces petites

rivières se réunissant à d'autres, tantôt
plus, tantôt moins fortes qu'elles, en
forment enfin d'assez larges pour couper
toutes les communications ; l'art travaille
alors à les rétablir par le moyen de constructions telles que les gués et les ponts
de pied, ceux de bois ou de pierre pour
les voitures, les bateaux et les bacs.

Les bords des rivières sont assez souvent dirigés en lignes à peu près parallèles, à moins que quelque obstacle ne
vienne déranger leur cours : les îles, par
exemple, qui, divisant leurs eaux, for-
cent les rivages à s'éloigner de chaque
côté pour les embrasser. Dans ce cas,
chaque bras prend encore extérieurement des formes parallèles aux rivages
de l'île, jusqu'au moment où les deux

4

canaux venant à se réunir, et les rives principales de la rivière à se rapprocher, les eaux puissent reprendre leur cours comme avant l'obstacle qui les avoit divisées.

Ces îles varient de formes suivant la disposition des sites sur lesquels les rivières se déploient; mais en général elles sont de figure alongée, renflées vers le milieu, se terminant en pointes arrondies à chaque bout, toujours plus émoussées en avant qu'en arrière des courants.

Si le fond des vallons où coulent les rivières n'est pas exactement plat et formant une prairie de niveau, mais qu'il arrive que les pentes du terrain continuent d'un ou d'autre côté jusqu'au milieu du vallon, la rivière alors prend sa direction au bas du coteau qui offre la pente la plus rapide, en passant alternativement d'un côté à l'autre de la vallée pour suivre le pied de ces coteaux où le terrain est ordinairement le plus bas. Plus les rivières sont étendues en largeur, plus cet effet est sensible, et les bassins des grands fleuves nous en offrent fréquemment l'exemple.

LES RIVIÈRES ou les ruisseaux que le jardiniste seroit dans l'intention de diriger ou d'introduire dans ses jardins, devront se modeler sur ces principes naturels. Leurs contours ne seront point arbitraires ; leurs sinuosités diminueront en proportion de l'augmentation de leur largeur. On évitera surtout de faire observer à leurs bords un parallélisme trop parfait; rien n'est plus contraire à la marche de la nature qui varie leur largeur, quoique les contours en soient à peu près les mêmes, suivant les obstacles que les eaux peuvent rencontrer, soit dans un terrain plus élevé résistant à leur action, soit dans les racines des arbres qui se trouvent sur leurs bords, soit enfin par l'effet seul des courants, qui, dans les contours sensiblement marqués, ont la propriété d'élargir leurs lits. Rien ne donne donc l'air factice aux rivières et ruisseaux tracés par l'homme, comme cette ressemblance exacte des deux rives où l'on reconnoît partout la main, je dirois presque la toise de l'ouvrier, et qui par cet effet, quoiqu'en lignes sinueuses, rentrent dans la classe des canaux réguliers, et par conséquent ne peuvent convenir aux jardins qui prennent la nature et le bon goût pour guides.

4. Lacs.

Quand les rivières rencontrent dans leur marche des bassins naturels, plus profonds que leurs lits, et sans aucune ouverture par où elles puissent continuer leur course, les eaux les remplissent en s'y élevant jusqu'à ce qu'elles trouvent à s'échapper. Ces circonstances ont donné naissance aux lacs, que l'on rencontre souvent dans les pays montueux, et quelquefois aussi dans des situations moins tourmentées.

Ces masses d'eau ayant pour limites les terrains variés qui composent ces bassins, leurs contours en acquièrent beaucoup d'agrément, présentant une succession de caps et de baies, qui, ne pouvant être aperçus tous à la fois, multiplient les effets, et diversifient leur étendue.

La forme des îles que la nature a placées dans ces eaux, paroît toujours indépendante des contours du lac. On observe seulement qu'elles sont rarement très-éloignées du continent, et que la pente de leur terrain incline davantage de ce côté; ce qui laisse supposer que les flots ayant insensiblement entraîné le sol peu élevé qui les unissoit au rivage, ils les en ont à la fin séparées. Telle est la disposition la plus ordinaire de ces îles, à moins que leur forme n'indique précisément qu'elles sont le reste de monticules isolés qui se trouvoient au centre des bassins lorsque les eaux s'y sont répandues.

Les lacs sont donc, presque toujours, le produit de rivières et de ruisseaux qui viennent s'y rendre, et qui y établissent un mouvement insensible qui entretient et renouvelle sans cesse le volume de leurs eaux, dont l'excédent s'écoule par le premier débouché qu'elles rencontrent à leur niveau. Aussi, quel que soit le nombre de courants qui entrent dans un lac, il n'en sort communément qu'un seul; car, quoique divisé quelquefois par une île, ce n'en est pas moins la même rivière ou le même ruisseau.

Cet effet physique est assez facile à saisir, puisque, pour qu'il pût s'établir deux courants distinctement séparés, il faudroit que les eaux du lac eussent formé, ou rencontré exactement à la même hauteur, plusieurs passages par où il leur fût possible de s'écouler; ce qui n'arrive jamais, ou du moins si rarement, qu'on pourroit le regarder comme un phénomène.

Cette ouverture, par où les eaux s'échappent, est assez ordinairement un effet produit par leurs efforts; ce qui justifie les chutes et les cascades qui en peuvent être la suite, et quand l'art les y construit, elles y sont aussi vrai-

semblables qu'elles paroîtroient peu naturelles à l'entrée des courants dans les
lacs, quand le lit de ces courants est
situé dans le fond des vallons. Un ruisseau peut donc, en descendant d'une
gorge rapide, ou en tombant du haut
d'un coteau de rochers en rochers, venir se jeter dans un lac, sans que cet
heureux accident change rien au principe.

Les entrées et la sortie des courants
étant l'effet de forces opposées, sont
conséquemment distinguées par des formes dissemblables. En effet, les rivières
ou les ruisseaux, en entrant dans les
lacs, se dirigeant toujours au centre de
la masse d'eau, loin d'altérer les rivages,
les fortifient, en y déposant de chaque

côté les limons ou les graviers qu'ils
charrient avec eux; ce qui forme fréquemment des alluvions sous la forme
de petites jetées avancées dans le lac:
tandis qu'au contraire les eaux, à leur
sortie, agissant en pressant sur leurs
bords pour chercher à s'échapper, en-
traînent avec elles tout ce qui ne leur
oppose pas une trop forte résistance; et
cette action continuelle des eaux ar-
rondit insensiblement les rives qui, se
resserrant peu à peu de chaque côté,
laissent seulement entre elles le lit où
les eaux, rétablissant leur cours, reprennent le caractère de rivière en cou-
lant librement, ou tombent en cascades
pour continuer leur marche.

LE JARDINISTE a souvent occasion de

traiter une pièce d'eau régulière, pour la soumettre aux formes avouées par la nature; il ne doit alors l'envisager que comme un terrain ordinaire que l'on voudroit faire entrer dans l'étendue d'un lac que l'on auroit à créer Si cette pièce d'eau est vaste, en largeur comme en longueur plus ou moins alongée, on tracera autour d'elle, sans avoir égard à ses limites, les contours du lac projeté, sans rien conserver de ses rivages, ou si la localité ne permettoit pas d'opérer ainsi de tous côtés, il faudroit, en remblayant le long des parties qu'on n'auroit pu étendre, en changer entièrement les formes.

Il arrive fréquemment que ces grands bassins, qui embellissoient les jardins et

parcs du genre régulier, se trouvoient
aux extrémités des parterres qui étoient
placés entre ces pièces d'eau et l'habitation. C'est une position très-favorable
pour le nouveau système, lorsque la
maison se trouve sur un terrain plus
élevé, dont on peut convertir les anciennes terrasses en collines, qui con-
duiront naturellement les regards jusqu'à l'eau ; mais s'il arrive, au contraire,
que le sol sur lequel est assis le manoir
soit du même niveau que l'espace qui le
sépare des eaux, il en résulte souvent
que des pièces d'eau, même très-éten-
dues, sont à peine aperçues des appartements de société, qui sont communément
au rez-de-chaussée. Dans ce cas, il est un
moyen certain d'y remédier, et de don-

ner à ces eaux l'importance qu'elles auroient, si elles étoient vues d'un point
plus élevé et peut-être d'y ajouter encore,
et cela sans sortir des principes naturels
développés précédemment. Ce moyen
consiste à tracer le cours de la rivière,
qui entre dans le lac ou qui en sort,
dans une direction qui permette à l'œil
de la suivre dans sa longueur, observée
des appartements, depuis le point où
l'on croira nécessaire de la rappprocher
de l'habitation, jusqu'à celui de sa jonction avec la grande masse d'eau.

Par ce procédé, la vue ne trouvant
plus d'obstacles depuis l'instant où elle
commence à se fixer sur les eaux de la
rivière, jusqu'à ce qu'elle arrive aux
extrémités les plus reculées du lac, le

spectateur n'éprouvera alors qu'une seule et même impression, complexe, il est vrai, mais dont il ne se rendra pas compte; et cette disposition des eaux étendra beaucoup en apparence, et semblera rapprocher à ses yeux la grande surface d'eau, sans que cependant elle ait changé de place [1].

5. Marres.

Un volume d'eau de quelqu'étendue ,

[1] Les ponts qu'on seroit dans le cas d'établir sur ces rivières ainsi rapprochées de l'habitation, devront toujours être d'une construction légère, pour ne point obstruer le cours des eaux, qui sont dans cette circonstance le point capital. On cherchera, aussi pour cette raison, à les placer sur la portion de rivière qui se trouve le plus sur un des côtés du tableau. En suivant toutes ces dispositions ou d'autres à peu près semblables, que le local pourroit inspirer à une imagination RÉGLÉE, on tirera le parti le plus avantageux dont soit susceptible une grande pièce d'eau située dans la position supposée.

qui n'est produit ni par des courants, ni par des sources souterraines, qui par conséquent n'a aucun écoulement, bien que contenu dans un bassin naturel, ne peut être désigné que sous le nom de *marre*.

Un artiste réfléchi saura dans plus d'une circonstance profiter de ces eaux avec succès : il est beaucoup de scènes qu'elles pourroient animer, et même décorer. Elles sont une des parties intégrantes d'une ferme, où elles présenteront un tableau champêtre, en servant à désaltérer les troupeaux de tout genre, qui viennent s'y rendre sur la fin d'un beau jour. On les rencontre toujours avec plaisir sur les lisières ou dans les clairières des bois ; elles sont en conséquence du ressort de la jardinique, et

cet art peut contribuer à les embellir
en rectifiant ce qu'il y auroit d'imparfait
dans la forme de leurs contours , et en
rendant leur approche facile. Elles deviendroient même précieuses dans un
canton entièrement privé d'eaux vives
ou courantes; mais qui inviteroit cependant par sa position, ou par un
établissement déjà formé, à la création
d'un jardin pittoresque.

En pareille occasion, le meilleur esprit
seroit de conserver le caractère d'une
telle pièce d'eau, de faire ce qu'il seroit
possible pour y entretenir l'abondance,
et pour y maintenir toute la limpidité
dont ce genre soit susceptible; de l'envi-
ronner d'objets qui lui formeroient un
cadre naturel et agréable , et qui semble-

roient à leur tour retirer quelqu'avantage de son voisinage. Dans cette supposition, la maison d'habitation pourroit peut-être n'en pas dédaigner la vue, et en obtenir quelqu'effet qui la dédommageroit de sa situation.

6. Étangs.

Une grande étendue d'eau, retenue par des digues ou des chaussées, prendra le nom d'*étang*. Il ne sauroit être rangé dans la classe des eaux naturelles, devant son existence à l'industrie humaine : ce qui fait qu'on peut le vider à volonté; et cette particularité le distingue des lacs formés par la nature, et dont il est rarement au pouvoir de l'homme d'altérer la masse d'eau.

4.

Sans être une œuvre de la nature, un étang sera souvent d'un grand secours au compositeur de jardins, surtout s'il est entretenu par quelques sources, ou mieux encore par une ruisseau. Alors il s'attachera, s'il veut le métamorphoser en lac, à déguiser toutes les formes qui lui sont propres. Il élargira la partie vers laquelle entre le ruisseau, qui se trouve ordinairement très-étroite, en se conformant aux principes de l'entrée des courants dans les lacs, donnera à son rivage des développements naturels, et surtout il masquera si bien la chaussée, qu'on ait de la peine à la reconnoître; ce qui peut s'effectuer en conduisant les eaux, qui s'écouleront de l'étang, sur un des cotés du bassin, et en y créant un petit vallon,

dans lequel le ruisseau établira son cours,
d'abord tranquillement, pour aller tomber assez loin de là de cascade en cascade, et rejoindre insensiblement le vallon naturel. Si l'on a profité, avec intelligence et adresse, des terres qu'on aura tirées du nouveau vallon, pour les placer sur le bord et au pied de la chaussée et en changer la forme; si l'on a planté la partie du véritable vallon, qu'on n'auroit pu entièrement remplir, d'un bois bien épais, fourré de buissons et d'épines qui ôtent tout accès à l'œil même du spectateur, on pourra peut-être faire supposer ces dispositions naturelles [1].

1 Comme il est toujours nécessaire de conserver les vannes pour vider l'étang au besoin, une cabane, où l'on trouveroit les ustensiles de la pêche, viendroit fort

7. Torrents.

Les eaux des torrents diffèrent de celles des ruisseaux et des rivières, par l'impétuosité de leur cours qui mine et détruit sans cesse leurs bords. Ces eaux, dans une agitation continuelle et toujours bouillonnant, fatiguent par leur bruit et troublent souvent le repos qu'on attendoit d'une scène champêtre. Les *torrents* ne sont donc pas à désirer dans le voisinage d'un jardin, et ne peuvent être de quelqu'intérêt que pour le voyageur qui, examinant avec curiosité et

à propos pour cacher ces vannes, qu'on placeroit dans une partie non aperçue de cette construction, et qui y seroient d'autant moins soupçonnées, que l'établissement annonceroit un autre motif très-vraisemblable.

étonnement les effets de leur caprice et de leur fureur, n'en a rien à redouter pour ses propriétés.

8. Cataractes, Chutes et Cascades.

Les obstacles que les torrents rencontrent dans leur cours, tels que d'immenses parties de rochers, et l'abaissement subit du sol, produisent ces grandes chutes d'eau que l'on désigne par le nom de *cataractes*. Elles sont très-fréquemment d'un caractère sublime, et inspirent l'admiration; mais ce sentiment s'affoiblit aisément quand il est trop long-temps prolongé, et bientôt une sorte d'inquiétude vient après lui succéder. Il faut à l'homme des objets qui soient plus conformes à la foiblesse de ses orga-

nes; aussi s'éloigne-t-il sans regret de ces
scènes imposantes, pour s'arrêter dans
un vallon tranquille et bocagé, où les
eaux puissent lui procurer des jouissances
plus convenables à ses facultés [1].

C'est dans ces situations que l'artiste
pourra tenter d'imiter la nature, et qu'il
peut espérer quelque succès de son entreprise. Ayant moins d'obstacles à sur-
monter, il lui sera plus facile de déguiser
les moyens qu'on est obligé d'employer
pour se procurer des chutes et des cascades. Il évitera, s'il veut produire quel-

---

[1] Il n'est cependant, en général, aucun des genres
d'effets causés par les eaux que le jardiniste doive négliger; il doit toujours s'en saisir quand la nature les
lui livre, ou autrement les étudier comme modèles,
pour en produire une heureuse imitation, toutes les
fois qu'il se trouvera dans le cas de les créer.

qu'illusion, de faire un vain étalage de pierres et de rochers amoncelés à grands frais. Un seul banc de pierre, qui semble avoir été posé par la nature en travers d'un courant, et par-dessus lequel la rivière ou le ruisseau se précipite, paroîtra toujours un effet véritable. Si le volume d'eau est considérable, la chute peut y prendre la forme de *cascade* en tombant en plusieurs sauts.

Un courant d'eau moins fort, ayant besoin de ménagement pour en dissimuler la foiblesse, doit être plus modeste et se précipiter d'une seule *chute*. Il est des moyens ingénieux, tirés des principes de l'acoustique, que l'artiste peut employer pour en augmenter le mumure ou le bruit. Une *roche* bien placée, et

divisant le courant en deux parties, servira encore beaucoup pour étendre à la
vue la largeur d'une cascade.

Enfin, le goût, guidé par le bon sens,
déterminera le genre de chute convenable à chaque situation, ou au caractère
des différentes scènes; mais dans toutes
les circonstances, le créateur de ces effets
devra se rappeler qu'il n'est aucune partie des jardins qui exige autant les soins
de l'art, et qu'il n'en est point aussi où
il doive se voiler davantage.

9. Fleuves.

Les grandes rivières, ou les fleuves,
et toute autre masse d'eau encore plus
étendue, ne peuvent entrer que bien rarement, même en très-petite portion, dans

la composition des parcs et des jardins;
mais il est possible d'en retirer un grand
avantage par la manière dont on les fera
entrevoir. Avec de l'intelligence et du
talent on pourroit, en apparence, les
réunir aux principaux tableaux d'un jardin qui en seroit même à une grande
distance.

D'abord, dans la supposition que le
local a des eaux à la disposition du JAR-
DINISTE, et que la vue domine sur ces
grandes parties d'eau, alors il devroit
placer les rivières ou ruisseaux qui arro-
seroient le parc ou les jardins, dans la
direction de ces eaux, en les retenant par
un trop-plein qui s'offriroit sous la forme
d'une chute naturelle ou cascade, que l'on
établiroit au point où le terrain du parc

étant plus élevé que la contrée adjacente,
pourroit cacher tout l'espace qui se trouveroit entre ce point et les eaux d'un
fleuve, d'un lac, ou de la mer. Cette disposition, aperçue des appartements et des
terrasses d'une habitation, ou de toute
autre place préparée dans cette intention,
produiroit l'effet d'une rivière qui auroit
son embouchure dans ces grandes eaux.

Cette illusion ne pouvant se soutenir
long-temps après qu'on a quitté l'endroit pour lequel elle a été calculée, il
faudra, pour que cet effet paroisse plutôt
une circonstance heureuse qu'un travail
de l'art, disposer la partie de la rivière,
au-dessous de la chute, de manière à
faire oublier la raison qui peut lui avoir
donné lieu, en formant plus bas sur le

cours de cette rivière, s'il est possible, une seconde cascade qui semblera n'avoir d'autre motif que d'embellir le paysage, mais dont le véritable objet sera de détourner le soupçon que la première chute a pu être créée à dessein; car dans cette occasion, comme on peut le dire de beaucoup d'autres, le plus grand effort de l'art est de savoir le cacher.

A défaut d'eau dans l'intérieur, pour procéder ainsi, il est un autre moyen de rapprocher ces grandes masses d'eau et de les lier encore au local; c'est de préparer le terrain qui termineroit l'espace découvert qui conduit la vue, de façon à en former un horizon varié, dont les eaux sembleroient battre le bord, et qui, bien dessiné, peut présenter l'effet de promontoires qui s'avancent dans ces eaux, et de baies qui s'enfoncent vers les jardins et l'habitation.

10. La Mer.

Le vaste sein des mers, où toutes les eaux qui arrosent et fertilisent la terre vont terminer leur cours, n'est point matériellement au pouvoir du jardiniste, car il ne peut en changer ni en reculer les limites. Cependant il ne négligera pas, lorsqu'il en aura la possibilité, de la faire entrer dans son plan général comme objet d'aspect. Elle produira fréquemment les impressions les plus opposées. Tel est le spectacle sublime, mais accablant, d'une tempête, auquel vient succéder le calme le plus heureux, qui, terminant toutes nos craintes, nous laisse jouir en paix du couchant radieux de l'astre du jour.

LA LIBERTÉ apparente des *eaux* et leur limpidité en sont les principales beautés; par leurs divers caractères, elles répandent la sérénité ou l'effroi, la mélancolie ou la gaîté sur tout ce qui les environne; leur mouvement ajoute presque toujours à l'expression d'une scène, soit qu'il ait lieu par le souffle des vents qui agite la surface d'un lac, soit par le courant d'une rivière ou d'un ruisseau, soit encore mieux par les chutes que l'un et l'autre peuvent procurer.

Le bruit, souvent harmonieux, qu'occasionne cette dernière circonstance,

réuni à la limpidité et au mouvement, produira l'effet le plus complet que les eaux puissent faire sur les sens de l'observateur de la nature champêtre.

CHAPITRE V.

DES CONSTRUCTIONS.

≈◈≈

Les CONSTRUCTIONS sont, dans l'art des jardins, ce que dans les tableaux de paysages les peintres nomment *fabriques,* expression dont se sert quelquefois le jardiniste, quand il veut désigner les divers édifices qu'il lui est permis d'ajouter aux matériaux de la nature, pour ache-

ver de décorer les tableaux qu'il doit aussi
composer.

1. Habitations.

Dans la classe des constructions, les
bâtiments d'habitation tiennent le premier rang. Les jardins, même les plus
étendus, étant créés pour leur agrément,
ils se trouveront donc placés dans une
des situations les plus favorables, soit
que la nature l'ait formée, ou qu'elle ait
été rendue telle par les travaux de l'art
qui l'aura imitée.

Le caractère des bâtiments en général
doit toujours être en rapport avec celui
du paysage qui les environne, noble,
élégant, simple ou champêtre.

Que les bâtiments d'habitation aient été

cc truits pour les jardins, ou les jardins projetés pour les bâtiments, ils devront se prêter des charmes réciproques. C'est de leur association, bien ménagée, que peuvent naître des scènes de différents genres, et dont aucune ne doit être sans intérêt.

Les bâtiments d'habitation situés au centre de vastes parcs ou de jardins d'une grande étendue, qui seroient entourés de tableaux en relation avec eux, prendront la forme et le caractère noble des châteaux.

Un espace moins considérable, qui n'a qu'un ou deux côtés intéressants à présenter, ne comporte qu'une maison de campagne, dont la simplicité est un des traits caractéristiques.

L'habitation d'un jardin encore plus concentré, où tout est sacrifié à l'agrément, se fera remarquer par l'élégance. Son effet rejaillira sur tout l'ensemble, dont elle est le principal ornement.

Le caractère champêtre des bâtiments convient à ceux situés dans des lieux retirés, qui ne laissent entrevoir autour d'eux rien qui leur soit opposé ; et aussi aux grandes parties de paysages d'un genre simple et naturel.

2. Monumens.

Il est d'autres constructions qui concourent, avec les bâtiments d'habitation, à la constitution comme à l'agrément des jardins, et parmi lesquelles beaucoup peuvent avoir un but d'uti-

lité réel ou apparent. Des édifices qui
ne sont souvent érigés que pour l'effet
pittoresque, pourroient produire une
double impression, s'ils étoient animés
par le souvenir de quelques sentiments
tendres ou généreux, par celui de quelqu'événement qui fît éprouver à l'âme
de fortes sensations, ou qu'ils rappe-
lassent quelques faits historiques. Les
temples, les *pavillons*, les *obélisques*,
les *colonnes*, les *statues*, les *ruines*, et
même les *tombeaux* peuvent y trouver
place; mais c'est avec beaucoup de dis-
cernement qu'on doit faire usage de ces
objets; car ils deviennent nuisibles, s'ils
ne contribuent sensiblement à déterminer le genre de la scène où ils sont
placés.

Ces diverses constructions, pour procurer nne impression désirable et satisfaire le spectateur, doivent au dedans, comme au dehors, indiquer le but de leur création ; car étant particulièrement destinées à fortifier le caractère d'un paysage, elles produisent le contraire quand les rapports entre toutes leurs parties ne sont pas exactement observés.

Un temple sera donc un asile consacré à rappeler des temps héroïques, des vertus antiques offertes comme modèle, où dans une longue promenade on peut prendre quelques instants de repos.

D'autres bâtiments seront plus particulièrement destinés à la méditation et à l'étude ; ce qui exige qu'ils soient à l'abri des influences de l'air, et fournis d'objets qui invitent à s'y fixer quelque temps. L'intérieur comme l'extérieur de ces édifices devront avoir de la dignité ou de l'élégance [1].

3. Fabriques utiles.

Les constructions qui naissent du besoin ont beaucoup moins d'inconvénients à prévenir, et sous telles formes qu'elles se montrent, elles plaisent presque toujours, si elles se trouvent où la nécessité semble les exiger, et si elles sont d'un genre conforme au canton sur lequel s'étend leur influence.

[1] Les fabriques dont on orne les jardins, à moins qu'elles ne soient du genre champêtre, ne s'écarteront pas des principes de la bonne architecture grecque ou gothique, et rejetteront toujours celle qui n'est que de caprice.

Les *bâtiments rustiques* et les *chau-mières* serviront d'abris à des objets simples et champêtres comme eux ; ils offriront des retraites aux troupeaux, ou seront le dépôt des filets et autres ustensiles nécessaires à la pêche, et par ces moyens, ou bien d'autres encore, procureront des jouissances qui se rattachent à l'art des jardins.

L'agréable se réunissant à l'utile, ne peut s'offrir plus avantageusement que sous l'aspect d'un *moulin* mû par un courant d'eau limpide. Tous les bâtiments nécessaires à son exploitation y seront disposés d'une manière pittoresque ; leur forme peut acquérir beaucoup de grâce et de variété, sans s'éloigner du caractère qui leur convient. La partie particulièrement consacrée à l'usine doit s'élever et se faire remarquer au milieu des autres, qui n'en sont que les accessoires. La vue des vannes et des différents ponts attachés à l'établissement, le bruit cadencé du moulin, le mouvement des roues (bien disposées pour laisser jouir de tout l'effet que les eaux leur procurent) : tous ces objets adroitement combinés composeront un tableau peu commun qui captivera long-temps.

Les bâtiments des *basses-cours* et des *fermes* peuvent, comme ceux des moulins, produire la double impression d'utilité et d'agrément, quand leur position permet de les faire entrer dans l'ensemble de quelque paysage. Ils seront alors plus ou moins rustiques, suivant le caractère du site où ils se trouveront placés, et ils devront toujours s'offrir à l'œil sous une forme pittoresque. La disposition d'un abreuvoir, des bassins à laver, l'érection d'une fontaine dans un bocage peu éloigné, seront des coups de pinceau précieux à ajouter à ces autres tableaux en réalité.

4. Ponts.

Parmi tous les objets que l'architecture fournit à la jardinique, les *ponts* sont une des constructions la plus multipliée dans la plupart des parcs et des jardins. La variété dont ils sont susceptibles, et l'effet qu'ils doivent produire dans une perspective, pourroient quelquefois entraîner, même des gens de goût, à en placer sans nécessité. Ce n'est cependant que de cette seule cause qu'ils doivent tenir leur existence [1].

Les différentes formes sous lesquelles

---

[1] Si un paysage sembloit cependant demander des *ponts* pour le caractériser davantage, on pourroit peut-être tenter de les y introduire, quoiqu'ils n'y fussent pas d'un usage indispensable ; mais c'est alors qu'il faudra plus que jamais les faire supposer un effet du besoin. On devra pour cela les placer sur des parties d'eau, ayant la forme de courants, dont on aura bien soin de dissimuler les extrémités, soit en les faisant entrer sur la scène par-dessous l'arcade surbaissée d'un mur qui peut être supposé la clôture d'une propriété voisine, soit en les perdant dans une partie de terrain à la suite des jardins, où l'on ne pourra pénétrer, mais où l'œil les suivra quelque temps, ou de bien d'autres manières que le local pourra indiquer, et qui peuvent être aussi favorables que celles proposées.

Cette disposition d'eau étant tout artificielle n'est ici classée qu'au rang des *constructions* ; ne pouvant même convenir qu'aux jardins concentrés qui doivent toute leur création à l'imagination et aux talents du jardiniste.

5.

les ponts peuvent être établis, jointes à
la multiplicité de leurs caractères, les
rendent susceptibles d'entrer dans la composition de scènes de tous genres, et de
s'offrir dans toutes sortes de positions.
Quelle distance, en effet, d'un pont d'une
belle architecture construit en pierres
d'appareil entremêlées de matériaux brillants et d'une couleur tranchante, sur-
monté d'une élégante balustrade, servant à traverser une rivière calme et limpide qui en réfléchit l'image, en se développant au milieu d'un beau gazon ou sur
les limites d'un bosquet; à cet autre pont
composé de deux chênes non équarris,
dont les branches forment les garde-
fous, jeté d'un rocher élevé à un autre
sur le torrent qui tombe en cataracte,

et dont le bruissement des eaux fait retentir les échos de la forêt et des grottes voisines ?

Les nuances entre ces deux extrêmes fourniront des ponts pour toutes les situations, et pour toutes les scènes différentes qui peuvent être réunies dans le *jardin-paysage* le plus varié, et même le plus étendu.

Un pont gothique trouveroit convenablement sa place au centre, ou sur les confins d'un bocage élevé et majestueux, qui porte à la méditation.

Un autre, de plusieurs arches en plein cintre ou peu surbaissées, paroîtroit avec avantage dans un espace plus ouvert, qui procureroit la vue d'une belle rivière traversée par un chemin fréquenté

qui animeroit la perspective, et qui pourroit être une des avenues du manoir.

Un pont en pierres brutes seroit un des
attributs d'un pays sauvage, comme un
autre en bois rustique suffiroit à la décoration d'une scène pastorale.

Les *ponts en bois* conviennent géné-
ralement mieux aux intérieurs des jardins
et aux points de vue rapprochés. La diversité de leurs formes, la combinaison
de leur assemblage, la disposition de
leurs culées, et le ton de leur couleur
(qui doit être assorti à celui de la scène),
produisent un grand nombre d'effets opposés qui peuvent, chacun, trouver leur
application. Le choix en sera déterminé
par l'homme de goût qui rejettera, sans
doute, ces formes asiatiques, qui eurent

de faux succès dans le premier âge des jardins pittoresques.

Il est beaucoup d'autres observations à faire sur cette matière, qui ne seroient peut-être pas sans intérêt pour celui qui se voue à l'art des jardins, comme pour celui qui sait en jouir : essayons donc de les détailler.

D'abord, il est une proportion à garder entre la longueur et la largeur des ponts. Leur longueur, pour qu'ils soient agréables, doit au moins être double de leur largeur, et peut même s'étendre beaucoup au-delà de cette dimension.

Quel aspect, en effet, offriroit dans un jardin un pont situé sur un petit ruisseau qui auroit en largeur autant ou plus que sa longueur? Si cette circonstance a quelquefois lieu sur les routes publiques, on ne sauroit s'en autoriser; car la prévoyance seule les établit ainsi, pour la sûreté des voyageurs, sans que jamais des idées pittoresques aient eu la moindre part à leur construction. Si donc le peu d'étendue d'un ruisseau, ou d'une petite rivière, sur lesquels ou auroit à disposer un pont, ne permettoit pas, en le mettant dans les proportions convenables, d'avoir une largeur suffisante à son usage, on y suppléeroit en étendant le pont au-delà des rives du courant, jusqu'à ce qu'il ait acquis des dimensions satisfaisantes.

La hauteur des arches d'un pont ne doit pas être non plus abandonnée à l'arbitraire. C'est l'espace qu'elles auront à

franchir qui déterminera leur élévation ;
à moins que des causes extraordinaires,
comme des rivages très-élevés, ou des
masses de rochers qui serviroient de bases
au pont, ne le fissent sortir de ces règles
qui sont particulières aux ponts situés
sur des terrains unis, et où l'on arrive
par des rampes pratiquées à leurs extrémités. Cependant, lorsque les courants
sont assez larges et assez profonds pour
procurer l'espèce de navigation qu'on
peut espérer dans un parc, il faudra
que ces arches aient une hauteur suffisante pour que les personnes de la plus
grande taille, assises dans un bateau,
puissent passer facilement dessous.

Le degré d'élévation des arches dépendra encore de la masse de l'édifice,

et aussi du point de vue principal pour lequel il a été calculé, et dont la situation peut être plus ou moins dominante. Tous ces motifs engageront donc, avant d'entreprendre la construction d'un pont, à chercher les moyens d'en prévoir tous les effets d'avance [1].

L'arrivée sur les ponts sera toujours facile, en ayant soin de prendre la pente de leurs culées d'assez loin pour y monter insensiblement; ce qui préviendra en même temps, et le désagrément que fait éprouver un pont trop rapide, et l'obstacle qu'il oppose à la vue qui cherche ordinairement à se porter sur les objets qui se trouvent au-delà. La hauteur des

[1] On verra plus loin, dans la note, page 152, un procédé qui pourra aider à y parvenir.

parapets et garde-fous sera aussi proportionnée à la largeur des ponts, si l'on
veut qu'en y passant on n'y soit pas trop
enfermé.

L'aspect sous lequel les ponts se présenteront dans un paysage, ne sera pas
regardé comme une chose indifférente
par le jardiniste, jaloux de quelque succès, s'il veut qu'ils y produisent tout
l'effet dont ils sont susceptibles. Pour y
réussir, ils devront, autant qu'il sera
possible, être posés de manière à marcher avec la perspective, étant observés
des principaux points de vue, particulièrement de celui de l'habitation, c'est-
à-dire, que leur entrée, ou partie la plus
rapprochée, doit s'appuyer, à la vue, sur
un des côtés du tableau; et l'autre extré-

6

mité, se diriger vers le fond de la composition. Cette situation fera mieux juger
de leur forme, en laissant voir une de
leur face, et permettra à l'œil de pénétrer
sous leur voûte, de jouir des coups de
lumière et des ombres que les différentes
heures du jour leur procurent, et aussi
de distinguer les deux côtés de leurs
parapets au point où le chemin entre
dessus, ce qui les fera alors remarquer
comme des corps solides : impression beaucoup plus favorable à l'effet pittoresque,
que s'ils étoient vus exactement en face
ou dans la direction de leur passage *.

* Les *ponts*, étant une production de l'architecture,
doivent toujours être construits sur des plans réguliers, et traverser les courants sur lesquels ils sont
jetés en ligne perpendiculaire, c'est-à-dire, dans leur
plus courte étendue, et non pas en biais (ou obli-

Il est des occasions où le jardiniste exercé jugera si des ponts en pierres, qui conviennent à quelques parties de paysages, ne seroient pas trop lourds pour d'autres points de vue qu'ils serviroient aussi à décorer, soit qu'ils y fussent trop rapprochés, ou qu'ils y offrissent une masse qui ne fût plus en rapport avec le tableau. On parviendroit, dans ce cas, à les allégir beaucoup en employant dans leur construction des matériaux de couleurs différentes, disposés en compartiment, qui, tout en diminuant leur volume, contribueroient à leur décoration, ainsi qu'on en a déjà cité un exemple.

quement), ainsi que le défaut de réflexion en laisse établir quelquefois.

L'observation convaincra aussi que ces ponts doivent être placés de préférence à des expositions où le soleil puisse les éclairer long-temps, vus des lieux ou ils sont le plus souvent aperçus; car, s'ils étoient trop dans l'ombre, leur construction, paroissant encore plus massive, obstrueroit la scène, et ils n'y produiroient peut-être qu'un effet désagréable au lieu de l'embellir.

Les ponts construits en bois peuvent tirer avantage de la position contraire; le jour en passant à travers toutes leurs parties les faisant suffisamment distinguer, et en même temps ressortir plus favorablement sur les eaux et le terrain qu'on aperçoit au-delà, qui sembleront eux-mêmes s'éloigner davantage.

Malgré la grande variété que présentent les ponts, depuis le plus simple jusqu'au plus magnifique, il est cependant des circonstances qui ne permettront pas toujours d'en établir dans les jardins ou dans les parcs, partout où ils paroîtroient nécessaires. Par exemple, dans les scènes qui exigeroient des ponts d'une structure ou riche, ou élégante, et où la trop grande largeur des eaux à franchir pourroit jeter dans une énorme dépense; alors on pourroit y suppléer, très-avantageusement, par la construction d'une espèce de bac, sur lequel on établiroit un plancher un peu cintré, semblable à celui d'un pont en bois, ayant de chaque côté des garde-fous d'une forme et d'une teinte convenables au caractère de la scène. La partie du bateau qui porteroit ce *pont volant* étant d'une couleur obscure, cette construction se détacheroit agréablement sur les eaux, et en établissant, au moyen d'un câble bien tendu d'un côté à l'autre, une communication sûre, elle procureroit peut-être une jouissance d'un nouvel intérêt.

Les *ponts*, enfin, étant une des fabriques qui se rencontrent le plus fréquemment dans les paysages heureusement situés, sont un des apanages le plus étendu de la jardinique, sous le rapport des constructions.

5. Ruines.

Il est un autre genre d'édifices qui peut ajouter beaucoup à l'expression d'une scène solitaire ; ce sont les *ruines*, qui, du sein du silence, parlent toujours à l'âme. On les rencontrera le plus souvent sous ces formes gothiques que nos pères donnoient jadis à leurs constructions : les monumens érigés plus anciennement par les Romains, d'après les règles de l'architecture grecque ou toscane, étant trop rares dans nos contrées pour que l'imitation des ruines de leurs palais ou de leurs temples à colonnades, puissent y avoir même l'air vraisemblable. Mais les restes d'un vieux couvent, d'un ancien château, d'un pont gothique, sont des objets qui se rencontrent quelquefois dans nos campagnes ; et le temps les eût-il presque anéantis, l'art, restaurant adroitement quelques parties de ces ruines,

devenues méconnoissables, pourra faire
revivre l'édifice à notre imagination, qui
suppléera facilement à ce qui manque, et
même ira souvent au-delà de la réalité.

Les restes des monuments religieux
font particulièrement une vive impression; et la pierre inanimée peut encore
y servir à rappeler à l'homme la grandeur
et la toute-puissance du Créateur !

6. Barrières et Palis.

Des constructions qui sembleroient
peut-être de peu d'intérêt, peuvent cependant, dans certaines positions, produire autant d'effet que des édifices beaucoup plus considérables; telles sont les
barrières et les parties de *palis* entrevues
à travers des groupes, ou entre des mas-

sifs de verdure. On peut avec leur aide déterminer agréablement les divisions qu'exige quelquefois un vaste paysage, et aussi en tirer un grand parti pour augmenter, en apparence, l'étendue d'un jardin, en les établissant, dans des lieux très-reculés et au-delà des véritables limites, de manière à les laisser remarquer, et à les faire prendre pour des portions de la clôture, ou pour une des entrées d'un parc d'une grande dimension.

Un seul *petit palis* peint en blanc, entourant une touffe de bois qu'on semble avoir voulu préserver, placé au milieu d'une grande pelouse ou d'une prairie qui se trouveroit située au-dehors d'un enclos (mais qu'on auroit pu

faire entrer dans l'ensemble d'un tableau
principal pour l'effet pittoresque), suffira pour appeler l'attention et pour rattacher cette partie extérieure à celles du
dedans (et cela bien plus naturellement
que par une construction plus dispendieuse), si la limite mitoyenne est éta-
blie par le moyen de l'eau, ou de quelqu'autre façon qui n'oppose aucun obstacle à la vue, tel qu'un fossé en glacis,
planté dans le fond et sur ses talus d'une
haie d'épine blanche, dont on tiendroit
le dessus au niveau du terrain, afin que
l'œil ne pût de loin la distinguer des
gazons qui l'environnent.

7. Bancs.

Le jardiniste habile sait même profiter

avec avantage des plus petits objets; et
les *bancs*, qu'on ne remarque souvent
que comme des lieux de repos, acquerront une sorte d'importance, lorsque le
talent et le goût en auront déterminé le
genre, dessiné la forme, et surtout assi-
gné la place. L'artiste n'a pas de moyens
plus assurés pour fixer l'attention du
spectateur sur les tableaux nombreux et
variés qu'offrira sa composition, et pour
l'amener, presque sans effort, à en observer tous les détails. Il aura donc pres-
senti, à peu près d'avance, les points où
il pourra les placer, afin d'y rapporter
les principaux objets de ses scènes, sans
cependant les y asservir entièrement, ne
devant pas oublier que différentes combinaisons de ces mêmes objets, sont sou-

vent destinées à composer et à embellir d'autres perspectives d'une plus grande exécution.

8. Chemins et sentiers.

La différence des dimensions constitue seule la distinction entre les *chemins* et les *sentiers*. Le besoin qui les appelle, et l'effet qu'ils doivent produire dans l'ensemble d'un paysage, ou d'une scène particulière, en déterminent ordinairement le choix; mais leur but est toujours le même, celui de faciliter la jouissance des lieux consacrés à l'art des jardins, et d'établir des communications avec la campagne environnante.

Les *chemins* seront les guides naturels des promeneurs si l'artiste a su, en les

dirigeant avec soin, éviter la rencontre
des objets qui pourroient se nuire. Avec
leur secours, il est certain de réunir
avantageusement toutes les parties de son
ensemble, et de les faire valoir les unes
par les autres, en préparant les transitions, et en faisant ressortir les contras-
tes, et de déployer ainsi progressivement
tout le système de sa composition.

Pour arriver à ces résultats, les chemins ou sentiers s'étendront toujours
entre deux lignes parallèles, composées
de sinuosités en relation avec les sites,
les plantations et les eaux qui les environnent; mais sans en suivre trop exactement les contours, avec lesquels cependant ils ne doivent jamais être en
opposition absolue. Ce juste milieu à

tenir dans le tracé des routes d'un jardin,
joint à l'intelligence dans leur place-
ment, donne presque toujours la vraie
mesure des talents du jardiniste qui les
a dirigées *.

Les chemins destinés aux parties soignées et riantes des jardins, sembleront
donc se dérouler naturellement sur le
sol, à mesure qu'ils avanceront dans
leur marche, n'offrant jamais que des
courbes douces et gracieuses, des pentes
bien *modelées* et bien *fondues*, qui sa-
tisfassent l'œil le plus exercé et le goût
le plus délicat **.

---

* Dans les contours fortement exprimés, les chemins
pourront un peu s'élargir, ainsi qu'on le remarque
communément dans les campagnes.

** *Modelées*, *fondues*, ces deux expressions s'appli-
quent aux courbes de la ligne horizontale du sol.

Les cantons agrestes des grands parcs demandent moins de soin dans l'exécution des sentiers; mais le RAISONNEMENT n'en devra pas moins influer sur leur situation et sur les mouvements de leurs pentes. C'est lui qui dictera aussi la largeur que les routes doivent avoir dans les diverses circonstances; elles devront, par exemple, s'étendre à mesure qu'elles se réuniront pour arriver aux bâtiments principaux, et diminuer, au contraire, lorsqu'elles se multiplient en s'en éloignant.

Les réunions de plusieurs routes, souvent d'inégales largeurs, formeront des carrefours qui peuvent se montrer sous des formes très variées, mais auxquelles LE GOUT doit toujours présider. Il évitéra ces dispositions qui laissent le promeneur indécis sur le point où il doit se diriger. Des chemins bien tracés sauront toujours lui indiquer sa marche, sans que la jonction de deux sentiers, ou la rencontre même de grands carrefours, puissent y mettre obstacle par aucune incertitude. Il faut pour cela que chaque chemin ait un but réel auquel il devra tendre, et qu'à la réunion de plusieurs sentiers qui pourroient laisser un doute, celui qui doit être préféré soit disposé le plus favorablement dans la direction des promeneurs, ou présente plus de largeur que celui ou ceux qu'on doit abandonner.

Avec cette adresse, l'étranger même pourra parcourir facilement, sans l'en-

nuyeux et fatigant secours de *cicerone* *,
l'étendue du plus vaste jardin, et s'y
promener avec autant d'avantage et de
jouissance que les personnes à qui il seroit le plus familier.

On pourra dans de petits espaces tracer les sentiers avant que d'établir les
plantations, afin de mieux mettre les
uns et les autres en proportion. Mais
dans un terrain plus étendu, il suffira de
prévoir leur marche pour bien disposer
les clairières des plantations où les chemins devront s'étendre, de manière à ne
point leur opposer d'obstacles fâcheux,
ni à gêner la grâce de leurs contours,
lorsqu'il faudra les diriger pour déve-

---

* Ou guides et indicateurs mercenaires.

6.

lopper et réunir (ainsi qu'on en a déjà parlé) les différentes scènes de la composition générale.

Les *chemins* seront le plus fréquemment tracés sous les parties ombragées par les futaies, au centre des bocages et des bosquets, se montrant rarement trop à découvert, ni traversant des pelouses et des gazons sans nécessité indispensable.

La confection des routes, de toutes espèces de dimensions, dépendra des matériaux que la localité peut procurer. Celles destinées aux voitures devroient être bordées et bloquées en pierres, recouvertes de sable ou de gravier. Les lieux humides et voisins des eaux pourroient demander les mêmes précautions, si l'on désiroit jouir en tout temps des agréments de la promenade autour d'un grand lac, sur les bords d'une rivière, ou à travers une prairie. D'autres situations, donneront plus de facilité, offrant quelquefois un sol plus convenable, ou n'exigeant qu'une foible couche de sable ou de gravier, pour y établir d'agréables sentiers. De quelque nature que soit leur composition, on évitera de les tenir trop élevés du milieu; ce qui nuit toujours à leur grâce et gêne la circulation, en ne permettant pas à plusieurs personnes réunies de les pratiquer dans toute leur largeur. Les deux mêmes motifs détermineront à ne jamais les enfoncer au-dessous du sol, mais à les construire plutôt un peu au-dessus, afin qu'ils s'y détachent le plus long-temps possible, les gazons qui les limitent ayant toujours des dispositions à s'élever plus haut.

Les teintes diversement colorées, des matières qui recouvrent les routes (lorsqu'on évite celles trop éblouissantes par leur blancheur), s'uniront heureusement avec le vert des gazons, et les nuances des plantations, avec le brillant des eaux et l'éclat des bâtiments; et si la lumière et l'ombre sont bien distribuées sur les chemins et les sentiers, ils contribueront avec les autres CONSTRUCTIONS, à produire dans les jardins, des effets semblables à ceux qu'on admire dans les tableaux des grands peintres paysagistes,

dont le ton de couleur chaud et vigou-
reux fait une partie de la célébrité *.

* Si l'on se décidoit à employer dans la confection
des routes d'un jardin, des matières de nuances différentes, et de couleurs même opposées, il ne faudroit le
faire qu'avec beaucoup de circonspection, afin de ne
pas détruire le caractère d'unité des tableaux principaux, ni l'ensemble des scènes particulières. La fusion
de ces différentes couleurs (si l'on peut s'exprimer
ainsi) s'opéreroit donc peu à peu, et insensiblement,
pour que le changement complet ne se laissât jamais
remarquer que dans des situations indépendantes les
unes des autres.

CHAPITRE VI.

REMARQUES *SUR PLUSIEURS DES SUJETS PRÉCÉDEM-MENT TRAITÉS*, APPLICABLES *A LA COMPOSITION DES SCÈNES ET DE L'ENSEMBLE*.

LE JARDINISTE, après avoir pris connaissance des *objets* multipliés que la nature lui fournit, et avoir raisonné sur ceux que son art peut créer avec les mêmes matériaux qu'elle; après avoir formé son goût et assuré son jugement sur les ornements qu'il pourra emprunter à l'architecture et à la sculpture, aura encore à méditer sur les effets et sur les diverses impressions que ces *objets* peuvent produire, afin de parvenir, par leur association, à former des *scènes* qui présentent des caractères distincts et prononcés, avec le secours desquelles il puisse établir un *ensemble*, ou composition générale, qui se distingue par l'unité, par la grandeur et par la variété ; qualités presque inséparables et nécessaires au succès de toute production des beaux-arts *.

---

* Le caractère de grandeur d'un paysage consiste moins dans son importance et dans son étendue que dans l'accord et la pureté de ses parties ; comme le choix et la disposition réfléchis des objets qui nous sont offerts par la nature et par l'art, sont la source de la variété, et non pas leur multiplicité.

Ire. *Les sites*, pour présenter un aspect noble, agréable ou riant, doivent se composer d'une succession variée de plaines, d'éminences, de collines et d'enfoncements, ornés de prairies, de bois, de bocages, de bosquets, d'eaux limpides, et de fabriques analogues à la scène. D'après ces motifs, l'artiste évitera, s'il travaille en grand, de choisir un site uniforme; mais s'il se trouvoit forcé d'y employer son art, il cherchera à suppléer à ce qui lui manqueroit, en donnant beaucoup de mouvement à la ligne horizontale de ses plantations *. Ce moyen produira beaucoup plus d'effet, et bien

---

* *Voyez* chapitre II, article 4, *Vallons simulés*, et aussi la note sur les bois, page 53, et le paragraphe auquel elle se rapporte.

plus naturellement que ne pourroient le faire des déplacements de terre dispendieux, qui, dans de semblables situations, dégradent le paysage, au lieu de lui procurer de l'énergie, comme on pourroit le penser.

IIe. *Les bois*, pris dans leur acception générale, servent à la formation de scènes de caractères les plus opposés ; par le moyen des plantations, le jardiniste remédie aux inconvénients d'une vue vague et incertaine, il fait entrer dans ses tableaux les objets intéressants que lui offre le paysage ; il cache les choses désagréables ; il lie les parties désunies d'un pays sans effet, et peut, en les rassemblant dans un même cadre, en créer un aspect enchanteur.

7

L'étude et l'observation de la nature, apprendront à varier les nuances du vert des plantations, pour leur faire produire beaucoup d'effet. Un vert foncé sur le devant fera paroître plus éloignée une partie de vert clair qui se trouve au-delà ; le compositeur peut même suppléer dans ses tableaux à l'absence du soleil, ou en renforcer les effets, en graduant la teinte de ses groupes et de ses massifs, c'est-à-dire en plaçant les arbres du vert le plus clair du côté d'où vient le plus souvent la lumière, ceux d'un feuillage plus sombre du côté opposé, et les arbres d'une nuance moyenne entre les deux autres.

Ces remarques, sur l'effet de la lumière vraie ou supposée, amènent ici cette observation : qu'il est des objets qu'il faut éclairer directement, d'autres qui veulent un jour interrompu; qu'enfin le jardiniste peut, aussi bien que le paysagiste, distribuer la lumière et l'adoucir par degrés, pour varier et embellir son paysage.

IIIe. *Les prairies* soignées et *les gazons* tirent principalement leur beauté du cadre qui les enferme; il sera le plus souvent formé par les bois dont les lignes doivent être irrégulièrement variées et gracieuses. La fraîcheur de leurs tapis nuancés, et les ombres que répandront quelques arbres isolés, donneront aux prairies un caractère de solitude et de repos qui plaît sans effort, et qui prépare très-naturellement la transition d'une scène à l'autre.

IVe. *Les eaux* sont l'âme de presque toutes les compositions. Il n'est point de tableau principal qui n'en obtienne des effets avantageux, ni de scène particulière et même retirée, à laquelle elles ne donnent de l'expression ou n'ajoutent des charmes. Elles flattent presque tous nos sens à la fois par leur éclat, leur mouvement et leur bruit, et par la fraîcheur qu'elles répandent. Les eaux procurent aussi des plaisirs et des délassements, relatifs à leur nature, selon les lieux et les saisons : tels sont la pêche et le bain; ou elles invitent à des exercices agréables, en offrant des barques légères, conduites par la rame, ou dirigées par les vents, lorsque leur étendue peut comporter l'emploi des voiles.

La nature nous livrant les eaux sous un nombre infini de formes et de caractères différents, il est peu de situations dont elles ne puissent devenir un des principaux attraits, si l'on sait en faire une application convenable et les disposer avec intelligence *.

---

* Afin de ne pas manquer une opération aussi dispendieuse que celle occasionnée par la fouille des pièce d'eau un peu étendues, et de s'assurer, avant l'entreprise, de l'effet qu'elles pourront produire dans un paysage, vues particulièrement du manoir et de ses environs, il faudroit, après avoir fait tracer leur cours ou la forme de leur emplacement, établir, le long de la ligne qui se trouve la plus rapprochée du point de vue, une suite de jalons de même grandeur, dont les têtes fussent au-dessus du sol, à une hauteur égale à celle qu'on présume que les berges pourront avoir au-dessus des eaux.

On observera après, du point principal, combien ces jalons cachent du terrain qui se trouve compris entre les deux lignes qui figurent la largeur de la rivière ou de tout autre pièce d'eau, et l'on jugera alors avec cer-

V^e. *Les constructions*, ou fabriques, ont pour but d'orner et de distinguer les lieux où le jardiniste croit nécessaire de les établir ; mais leur présence rappelant sans cesse les soins et les travaux de l'art, la convenance de leur espèce avec les scènes où elles figurent devroit être en tout si parfaite, qu'elles y parussent un objet indispensable, si ce n'est toujours à l'utilité, du moins à l'effet du paysage.

Ce principe, dont ne devra jamais s'écarter celui qui met quelque prix au suf-

titude de l'effet que les eaux devront produire dans le tableau après l'exécution.

Cette épreuve décidera, soit à étendre une pièce d'eau, soit à rectifier la direction d'une rivière pour en faire mieux distinguer le cours, ou à la rélargir s'il n'étoit à propos de la changer de place, soit enfin à exécuter le projet tel qu'il a été tracé, s'il est reconnu qu'il peut produire l'effet qu'on s'en étoit proposé.

frage des gens de goût, l'empêchera de s'abandonner à ce genre de caprice qui crée des fabriques sans proportion ni vraisemblance, et qui les distribue partout indistinctement.

Le jardiniste ne projettera donc que des constructions qui puissent être à l'abri de ces reproches; et pour en tirer le parti le plus favorable à ses compositions, il réfléchira long-temps avant de les construire, sur la place qu'il leur destine, et sur l'aspect sous lequel il devra les présenter, évitant que ce soit trop directement en face, lorsqu'on les observe des principaux points de vue de ses tableaux; mais au contraire, posées en sorte qu'on en voie plusieurs côtés à la fois, afin de répandre sur elles la

lumière et les ombres à des degrés différents, et de leur procurer ainsi beaucoup
plus de relief *.

* Pour arrriver au but avec succès, on pourra employer un expédient assez simple, qui, faisant juger
sainement d'avance de l'effet que produira l'édifice après
son exécution, préviendra peut-être les regrets que
pourroit occasionner l'inobservation de cette mesure.

C'est premièrement de dessiner, dans une proportion
suffisante pour y bien exprimer les détails, l'édifice qu'on
a le projet de construire, présenté sous l'aspect qu'on
croit le plus avantageux. On colorera ce dessin des
teintes et des ombres convenables, et après l'avoir appli-
qué solidement sur un carton, on le découpera en suivant toutes ses formes extérieures.

Ensuite on ira placer, au lieu où l'on devra construire, deux jalons bien apparents à une distance l'un
de l'autre égale à l'étendue qu'on se propose de donner
au plan de l'édifice.

Puis on viendra se poser, avec le dessin à la main
(qu'on aura adapté à un autre jalon), au point de vue
principal pour lequel le bâtiment aura été conçu, en le
disposant dans la direction de deux jalons, situés sur
l'emplacement où l'on a l'intention de bâtir, et l'éloignant insensiblement de l'œil, jusqu'à ce que les deux
extrémités de sa base paroissent toucher le pied de ces

Les grands édifices, et les monuments qui couronnent les cités ou embellissent leurs environs, pourroient quelquefois entrer dans la composition des tableaux d'un jardin situé dans leur voisinage, si l'on savoit en disposer les plantations d'une manière ingénieuse qui ne laissât voir de ces objets que ce qui peut produire un effet convenable à la scène. En les découvrant, par exemple, entre

deux jalons. Alors on le fixera à ce point, en l'enfonçant en terre; ce qui donnera la facilité d'observer avec réflexion et de juger complétement (ainsi qu'on l'a avancé plus haut) de l'effet que l'édifice pourra produire après son exécution; si le dessin surtout a été ombré d'après le jour moyen attaché à la situation de l'édifice.

Cette opération peut se renouveler autant de fois, pour le même objet, qu'on le croira nécessaire pour s'assurer de son effet, observé de différents points de vue, lesquels seront cependant toujours subordonnés au point de vue le plus important.

des massifs élevés, au-delà desquels d'autres, encore un peu moins hauts, établiroient, en se succédant par degrés, une fuite d'optique, à l'extrémité de laquelle l'édifice qu'on auroit voulu mettre en évidence, paroîtroit au-dessus de plantations beaucoup plus basses, qui serviroient à cacher toutes les parties qu'on n'auroit pas voulu laisser apercevoir.

Il est des positions, aux approches des grandes villes, qui peuvent fournir des moyens encore plus remarquables de s'approprier une portion d'édifice, au point d'en faire l'objet capital du principal tableau d'un jardin, même assez étendu.

Supposons un paysage conçu et exécuté d'après les principes de la jardinique (qui sont de multiplier le plus possible les effets de la perspective, afin d'étendre les espaces). Au fond de ce paysage, la pelouse peut s'élever jusque sur un léger monticule qui présenteroit une base vraisemblable à un de ces temples en rotonde qui surmontent de plus grands édifices; mais qui sembleroit s'en détacher pour venir se placer au sommet de l'élévation qui termine le point de vue. Cette hauteur intermédiaire, ôtant la possiblité de voir, et par conséquent de reconnoître au premier coup-d'œil la véritable base, produira une sorte de prestige, dont la découverte même ne seroit pas sans quelqu'intérêt, puisqu'elle manifesteroit toujours les talents du jardiniste intelligent, qui auroit su profiter d'une semblable circonstance.

Souvent une fabrique, qu'on a déjà employée à décorer une scène, peut, au moyen des différents aspects sous lesquels elle peut être observée (comme de près, de loin, découverte, voilée, en liaison avec telle ou telle autre partie), peut, dit-on, par toutes ces occurrences, faire illusion jusqu'à paroître un nouvel objet à ceux qui ne connoissent pas parfaitement la disposition d'un local; ou si cette impression n'a pas toujours complétement lieu, l'édifice produira du moins, même en le reconnoissant, l'effet d'une chose imprévue; sensation qui se renouvellera en partie, lorsqu'on reviendra sur la place où s'opéra d'abord la surprise.

Chaque fabrique, envisagée séparément, ne fait naître ordinairement qu'une émotion simple, mais dans beaucoup de situations, plusieurs d'entre elles peuvent être observées à la fois, et de leur réunion il naîtra une émotion composée, qui sera d'un puissant effet, si l'artiste n'a fait entrer dans le cadre qui les rassemble que celles qui, sans faire absolument les mêmes impressions, ont cependant assez d'analogie pour se confondre en un seul sentiment.

CHAPITRE VII.

DU CARACTÈRE DES SCÈNES, ET DE LEUR COMPOSITION.

Le grand nombre d'objets qui con-courent à la *formation des scènes* de la nature champêtre, et la diversité de position de ces objets, sont les causes de cette étonnante variété qui distingue *ces scènes* entre elles, et qui ne permet guère d'en rencontrer deux exactement semblables, quoiqu'empreintes souvent des mêmes caractères.

L'opposition des caractères produira, parmi les *scènes*, une variété encore plus sensible; ainsi qu'on en pourra juger par les observations suivantes sur les plus remarquables.

La majesté des scènes est entièrement due à la nature, sous le rapport des sites ou du terrain; mais l'artiste s'emparera des voûtes élevées et sombres, formées par les vieilles futaies, et les fera entrer dans leur composition s'il veut produire des effets et des aspects majestueux. Les eaux convenables à ce caractère sont les lacs étendus, richement entourés de bois, de coteaux et de vastes prairies, ou le cours tranquille d'une large rivière qui,

rencontrant dans sa marche une pente
subite dans le terrain, tomberoit alors
d'une seule chute et de toute sa largeur.

Le caractère champêtre s'appropriera
les vastes cultures, et les prairies qui
serviront de théâtre aux scènes naturelles et animées qui font le charme de
cette espèce de composition. Les montagnes, les bois et les bocages en formeront le cadre, et les eaux s'y montreront
sous tous leurs effets sans aucun incon-
vénient, s'y précipitant même à travers
des rochers, sans que cette nuance de
rusticité soit contraire au caractère pri-
mitif du genre, qui recherche le *mouvement* *.

---

* *Le mouvement* donne la vie aux paysages. La plus
belle perspective, en effet, devient triste au bout de

Une scène mélancolique évite les lointains et craint l'agitation et le bruit; elle veut des ombrages épais et sombres, préfère les vallons resserrés. Les eaux y seront calmes, réfléchissant l'image de quelques arbres à branches pendantes qui les environnent; et les plantations, qui fermeront la scène, y déroberont entièrement aux yeux les points de vue

quelque temps, si elle n'est animée par des objets mouvants de la nature ou de l'art. Les eaux sont un des grands principes du mouvement; d'abord par leur propre nature, et autant au moins par les machines qu'elles peuvent mettre en jeu, que par l'effet des objets matériels ou physiques qui voguent sur leur surface. La vue des routes publiques, les bestiaux répandus dans les prairies, procurent aussi beaucoup de mouvement. L'artiste aura donc recours à ces moyens pour vivifier ses tableaux, toutes les fois que l'expression de la scène ne s'y opposera pas; car il en est dont le bruit et le mouvement détruiroient le caractère.

7.

et les objets extérieurs qui ne peuvent pas en faire partie.

Le caractère tranquille d'une scène se rencontre au sein d'un bocage situé dans une large vallée, vers les confins d'une prairie ou sur les bords d'un grand lac. Son ensemble se composera de groupes d'arbres d'un jet noble et délié, dont la verdure soit fraîche et brillante, qui laissent entre eux des espaces vides, à travers lesquels puissent jouer les rayons de la lumière sur un sol uni, débarrassé de taillis et de buissons, et couvert d'un beau gazon. Les petits courants d'eau sont un des charmes particuliers à ce genre de situations ; on ne les rencontre nulle part avec plus d'intérêt ; soit qu'ils y serpentent tranquillement, que même ils y prennent un mouvement plus sensible, ou y forment de petites chutes. Le peu de volume de leurs eaux ne leur permettant pas de troubler le caractère dominant de la scène, ils ne pourront jamais qu'ajouter à ses attraits.

Les scènes riantes se composent de la réunion des objets les plus gracieux et les plus variés; leurs sites seront des pentes douces et bien modelées, faciles à parcourir, recouvertes d'un gazon fin et bien entretenu. Les plantations se formeront de groupes et de massifs d'arbres et d'arbrisseaux à fleurs, ombrageant d'agréables sentiers. Des eaux limpides et animées offriront des chutes et des cascades brillantes dont le bruit harmonieux, la fraîcheur et le mouvement

charmeront tous les sens ; et des *lointains*,
bien ménagés *, termineront heureusement ces scènes, qui ont beaucoup d'a-
nalogie avec le genre du bosquet.

Le caractère des scènes peut encore
être fortifié par des *constructions*, ou
fabriques, convenables à chacune d'elles,
que le jardiniste saura y introduire.

Un bâtiment d'habitation d'une forme
agréable et coloré de nuances fraîches et

---

* *Les lointains* ne paroissent jamais plus avantageusement que lorsqu'ils sont aperçus d'un lieu un peu
resserré et ombragé ; la perspective la plus étendue,
vue d'un lieu trop découvert, perdant beaucoup de son
effet.

Plus les objets qui servent de cadre à ces tableaux
se prolongent en avant, en se multipliant et se distinguant toujours, plus *les lointains* acquièrent de charmes,
la vue ne pouvant être distraite, et saisissant distinctement tous les traits capitaux qui s'offrent à ses regards.

variées ; un pavillon d'une architecture élégante, quelques statues dans des situations bien motivées, des ponts légers environnés de fleurs, dont l'éclat flatte la vue, et dont les parfums embaument l'air ; tous ces objets ajouteront beaucoup à l'expression d'une *scène riante*, et par conséquent à l'effet qu'elle peut produire sur les sens et sur l'imagination.

Une urne ou des fragments de tombeaux placés dans une *situation mélancolique* ou solitaire, en renforceront le caractère et feront éprouver à l'âme de fortes sensations.

La réunion de plusieurs bâtiments, variés de forme et de couleur et décorés de simples matériaux, consacrés aux besoins agricoles ou à la vie pastorale, une chaumière isolée entourée d'un petit palis, un pont rustique, serviront à caractériser une *scène champêtre*.

La tranquillité du bocage semblera exiger des lieux de repos simples, mais nobles, des bancs commodes et faisant ornement. Une fontaine, construite dans un style convenable à la situation, versant dans un bassin qui la réfléchit les eaux qu'elle reçoit du coteau où elle est adossée, seroit une des fabriques le plus en rapport avec cette espèce de scène.

Enfin, l'importance d'un pont en pierre d'une belle architecture, la dignité d'une colonne élevée, surmontée de statue, et la solennité d'un temple, seront les attributs d'une *scène majestueuse*.

CETTE grande variété qui existe, et qu'on a pu remarquer dans le caractère des scènes, constitue celle qu'on a droit d'attendre dans un jardin étendu bien composé. Ces différents caractères pouvant se lier le plus souvent par des transitions bien ménagées, ou se succéder quelquefois, mais avec réserve, par des transitions imprévues, qui, en établissant un contraste, évitent cependant les effets disparates *.

---

* Le nombre des scènes d'un jardin sera toujours en proportion du local destiné à son exécution. Les jardins circonscrits et resserrés devront se restreindre à une seule situation, ou même à une seule scène, selon leur étendue, mais toujours bien caractérisée, et qu'on doit choisir d'après l'âge, le goût et les habitudes des personnes auxquelles ces jardins sont destinés.

CHAPITRE VIII

PRÉPARATION A LA COMPOSITION GÉNÉRALE.

➤⦿◄

Tous les principes exposés dans cet ouvrage, ainsi que les préceptes et les remarques qui en sont la conséquence, sont applicables, dans l'*art des jardins*, à quatre SUJETS GÉNÉRAUX, dont la distinction s'établit sous les dénominations de *jardin*, de *parc*, de *ferme* et de *pays* *.

* LE JARDIN *proprement dit* s'étendra rarement au-

Pour chacun de ces *sujets*, le compositeur devra choisir parmi les objets qui lui sont offerts par la nature et par l'art, ceux qui pourront servir à les caractériser plus particulièrement. Le *jardin* le sera par l'élégance; le *parc*, par la grandeur; la *ferme*, par la simplicité; et le *pays*, par la variété. Les deux derniers *sujets* exigent moins de soins que les deux autres dans l'ordonnance de leur ensemble. Celle du *jardin* sera facile à établir, ne comportant que peu de scènes. C'est donc pour la composition

delà des dimensions d'un grand bosquet, et il en aura le plus souvent le caractère; ses plantations se formeront d'arbres et d'arbrisseaux proportionnés à son étendue, afin de ne pas le priver d'air, et aussi pour y produire des effets de perspective qui puissent faire illusion.

8

du PARC, et surtout du parc étendu, que l'artiste devra employer tous ses moyens ; car, outre son caractère particulier de grandeur, il peut encore participer du caractère des trois autres *sujets*. En effet, un vaste parc, dont les parties qui environnent l'habitation ressembleront au jardin le plus frais et le plus élégant, peut admettre dans sa dépendance une ferme ornée, et aller se perdre insensiblement dans le pays pittoresque et varié qui l'entoure.

Le jardiniste, à l'aide des matériaux de la nature, ayant la faculté de conduire par degrés, de la scène la plus riche et la plus riante, à la plus champêtre et même à la plus austère, pourra donc, si les circonstances le favorisent, tenter la réunion de plusieurs, ou même des quatre *sujets généraux*, et composer ainsi le JARDIN par EXCELLENCE *.

L'emplacement, ou le local, est pour le créateur de jardins, ce que la toile est pour le peintre de paysage; aussi ses premières pensées seront-elles d'en calculer l'espace, puis d'observer les formes

---

* Tout propriétaire, avant de rien entreprendre, devra se rendre un compte exact : 1° de son désir général, 2° de ses idées particulières, 3° de ses moyens de dépense, afin de décider ses travaux en conséquence, s'il en entreprend lui-même l'exécution ; mais s'il a recours au jardiniste de profession ou au jardiniste officieux, il cherchera à donner à l'un ou à l'autre une connoissance parfaite de ces trois particularités, pour que celui à qui il aura confié la direction de ses jardins, puisse entrer dans ses idées et les fondre dans les siennes le plus qu'il lui sera possible, sans cependant s'écarter jamais des principes dictés par la raison et par le goût.

et la nature du terrain compris dans son
enceinte, et de faire des remarques sur
la végétation des différentes plantes qu'il
produit, afin de ne confier à chaque
qualité du sol que les arbres, les arbrisseaux et les arbustes qui puissent y pros-
pérer; remarques qui détermineront les
espèces de plantations qu'il devra choisir
pour chaque situation, s'il veut assurer
le succès de son entreprise.

Les sources, les eaux courantes, et
celles rassemblées en masse, n'échap-
peront ni à ses recherches ni à ses ré-
flexions, afin d'en pouvoir tirer le meilleur parti; et si des constructions ou des
fabriques déjà sur les lieux ou dans le
voisinage, s'offrent à ses regards, il tâchera de fixer, d'une manière précise,

l'effet qu'elles pourront produire dans ses tableaux.

Le choix de l'emplacement n'est pas toujours libre; on est souvent contraint à travailler pour une habitation déjà construite, entourée de fossés, de terrasses, et des formes régulières de l'ancien système; il faudra, dans ce cas, s'efforcer de rectifier ce que le local peut avoir de vicieux, et les premiers soins surtout devront tendre à la salubrité.

Quand le terrain sur lequel l'artiste a à opérer, n'a pas été défiguré par les travaux dispendieux appliqués à l'ancienne méthode, il n'aura que peu de choses à faire, car la nature en a créé la masse, et il ne lui reste plus qu'à la polir et à la parer; mais tout son talent, fruit de longues observations, lui sera nécessaire, s'il est obligé de la recréer, et s'il veut effacer tous les niveaux, les glacis, les angles, les cercles, et les lignes droites dont on embellissoit autrefois les jardins que chacun cherche maintenant à réformer; quelquefois des parties qui sont restées intactes vous aident à reconnoître les traits aimables de la nature à travers le voile épais qui les recouvre. Suivez attentivement les lignes que montrent ces parties, et vous retrouverez peut-être les formes que vous devez rétablir; si ce travail entraînoit à trop de dépense, on pourroit en substituer d'autres; mais c'est alors qu'on doit être strictement *imitateur* *; car les for-

---

* L'*imitation* dans l'art des jardins doit se borner aux

mes du terrain ne sont pas arbitraires et de caprice, et elles ont toutes leurs causes dans la nature. Une exacte observation et une étude réfléchie de ce véritable et unique modèle, pourront donc seules initier l'artiste dans ses mystères.

Eprouve-t-on quelques difficultés dans cette entreprise, et reste-t-il encore des anciens traits qu'on n'a pu effacer? Les plantations viendront à votre secours, et un ou plusieurs groupes, ou des masses de taillis rompront facilement une ligne ou un angle qu'il eût été trop coûteux de faire disparoître; il suffira seulement de les détruire dans les intervalles les plus

seuls effets de la nature et aux objets d'architecture et de sculpture avoués par le bon goût ; tout autre imitation seroit servile et annonceroit l'incapacité du jardiniste qui y auroit recours.

apparents que ces plantations laisseront entre elles.

Mais s'il arrive que la nature soit encore libre, et d'elle-même bien disposée, l'artiste se sent excité; il cherche à rivaliser avec elle, et lui prête souvent des attraits qui ajoutent à ses charmes. Ne lui offre-t-elle rien? il a recours à son imagination, qui lui fournit ces heureuses combinaisons qui caractérisent le véritable talent.

Ce n'est qu'après avoir mûrement examiné et réfléchi, qu'on se déterminera à supprimer les objets de la nature, ou les constructions qui se trouvent déjà sur l'emplacement; car il en est peu dont on ne puisse profiter, soit en y faisant des retranchements, soit en y faisant des additions; des choses qui, au premier instant, paroissent superflues ou même nuisibles, peuvent très-bien se fondre dans le plan général; mais tout ce qui intercepte un aspect agréable, tout ce qui est en opposition formelle au genre, doit être retranché.

Les *bornes* de l'emplacement doivent, autant qu'il est possible, rester indécises à la vue, ou du moins être embellies d'objets qui les rendent supportables, quand le local qu'on est chargé de décorer est concentré dans son enceinte, et privé de points de vue extérieurs.

Il est même des lieux plus vastes où il n'est pas possible de les dissimuler entièrement. Un *verger*, un *potager* (objets indispensables à toute campagne habitée, et qui, disposés avec adresse, contribueront à sa variété et à son agrément), peuvent aider à rendre supportable la ligne de murs qui borneroit une partie de l'emplacement, puisqu'elle paroîtra, si elle est en bonne exposition, avoir été construite plutôt pour former des espaliers que pour établir une clôture ; mais pour que ces murs puissent produire cet effet, il faut qu'ils soient coupés de temps à autre par des intervalles qu'occuperont des fossés revêtus en pierres, leurs fonds étant plantés d'épines, dont on tiendroit le dessus au niveau du sol, ainsi qu'on en a déjà cité un exemple à peu près semblable.

Un jardin dont les limites seront adroi-

tement cachées, en paroîtra toujours et
plus naturel et plus grand. Les étangs,
les lacs et les rivières, ou des pièces
d'eau à leur imitation, sont des bornes
qui ne font éprouver aucune contrainte,
et dont on ne manquera jamais de s'em-
parer.

L'attention du jardiniste ne se fixera
pas aux limites d'un enclos; ne pût-il
même s'étendre au-delà par la possession,
il aura toutefois à inspecter les *environs*
du *local*, et à s'en rendre compte, pour
connoître le rapport qui existe, ou celui
qu'il peut établir entre eux et les objets
intérieurs. D'après cet examen, si l'on a reconnu que des parties du pays environnant offrent quelqu'agrément, il faudra
s'en saisir, et les faire entrer dans la com-

. position des principaux tableaux, et peut-être aussi de quelques scènes de détail, en les liant si intimement aux parties intérieures, pour l'effet pittoresque, que l'observateur, même le plus attentif, ne puisse pas les séparer *.

---

* On parviendra plus facilement à ce résultat, en observant que les objets du dehors ne doivent être que les accessoires, et qu'il faudra, pour ainsi dire, qu'ils viennent se joindre aux jardins, et non que les jardins aillent les chercher ; ce qui s'effectue en assimilant, en général, les dispositions extérieures aux intérieures vers le point de leurs limites mitoyennes, si on en a la possibilité ; et, dans le cas contraire, en se conformant en dedans aux effets du dehors.

CHAPITRE IX.

DE LA COMPOSITION GÉNÉRALE,
OU DU *TOUT-ENSEMBLE* *.

≍⊛≍

Les observations préliminaires et indispensables qu'aura dû faire le jardiniste, relativement à *l'emplacement*,
détermineront presque toujours le projet

* Expression empruntée à la peinture. C'est ici la
correspondance convenable et l'enchaînement entre
elles de toutes les parties d'un *sujet général*.

qu'il devra arrêter, fixeront le nombre
de tableaux principaux qu'il pourra créer,
régleront dans son imagination l'ordre
dans la distribution des scènes particulières, et lui faciliteront enfin les moyens
de tracer son PLAN sur le terrain *.

Il cherchera à le combiner de manière
qu'on ne puisse en saisir la totalité au
premier coup-d'œil. Les tableaux principaux étant bien distincts et bien caracté-
risés, il doit, dans les détails, distribuer

* Le compositeur bien pénétré de l'impression que
toutes les particularités qu'il aura remarquées lui ont
fait éprouver, l'idée encore bien présente de l'application qu'il a cru pouvoir faire à chaque situation, des
différens objets de la nature ou de l'art, devra en prendre
note, et dessiner un *plan figuré* des distributions qu'il
aura déjà pressenties, afin d'en conserver le souvenir,
et y recourir au besoin lors de l'exécution du projet dé-
finitif, qu'il n'arrêtera positivement qu'après un plus
parfait examen.

les scènes en sorte qu'en passant de l'une à l'autre, on ne puisse jamais en prévoir toutes les dispositions; les développant par degrés à mesure qu'on avance, et par ce moyen captiver l'attention du spectateur, en lui promettant de nouvelles jouissances, et lui ménageant d'agréables surprises.

L'introduction sur le local, qui n'est que trop souvent négligée, est cependant une des choses principales à considérer : de l'impression qu'elle produit, dépend presque toujours l'espèce d'intérêt qu'on met à observer avec plus ou moins d'attention ou de plaisir l'ensemble d'une composition champêtre. Ce début est à l'art des jardins ce que l'exposition est au poëme.

On évitera donc, à moins qu'on y soit contraint par des obstacles insurmontables, d'arriver sans préparation jusqu'au point pour lequel l'ordonnance d'un jardin a été conçue, et qui est, le plus ordinairement, le bâtiment d'habitation.

Une avenue en ligne droite ne rempliroit qu'imparfaitement l'effet désiré ; car tenant plus par sa nature du caractère des routes publiques que de celui d'un parc ou d'un jardin pittoresque, elle ne sauroit avoir aucune affinité avec eux, et, n'ayant d'autre motif que celui d'amener à l'habitation, elle devient nulle pour l'ensemble d'une composition libre et naturelle.

Une avenue dirigée d'après les principes de la jardinique produit une impression opposée; quelqu'étendue qu'elle soit, elle se réunit toujours aux jardins qui, eux-mêmes, se prolongent jusqu'à son extrémité. La ligne sinueuse qu'elle tracera, si elle s'étend hors d'un bois et dans un pays ouvert, pourra être ornée sur les côtés par des arbres isolés, plantés sur des dessins variés, ou par des groupes épars, interrompus quelquefois par de légers massifs : alors celui qui la parcourt est agréablement frappé de l'effet que produisent les objets qui l'environnent, qui semblent tous en mouvement; la maison même où elle conduit, paroît marcher à travers les arbres et les groupes qui encadrent le chemin, jusqu'au moment où, se découvrant en-

8.

tièrement au bout de la route, elle se présente sous un aspect favorable, faisant partie d'un tableau bien composé, dans lequel elle figurera comme groupe principal, offrant au voyageur un but où il arrive, sans avoir ressenti l'impatience et l'ennui que font éprouver les longues lignes droites dirigées sur le milieu des bâtiments, et déjà préparé au genre d'effets dont il va jouir, de chaque partie l'habitation.

La quantité de *perspectives* différentes qu'on établira pour la vue du manoir, dépendra de sa position relative avec ce qui l'environne. S'il est isolé, il aura un grand avantage sur celui qui n'en pourroit obtenir que de peu de côtés, ou même d'un seul.

Une situation dégagée présentant l'effet d'un *panorama*, c'est-à-dire d'un tableau unique qui embrasse tout le cercle de l'horizon, qu'on n'aille pas se laisser entraîner par cette idée, on n'obtiendroit alors qu'un effet vague et incertain ; car l'œil a besoin de bornes qui fixent sa perception, pour pouvoir jouir complétement.

Il est donc indispensable de créer un CADRE pour chacun des tableaux dont on pourra embellir les aspects d'une habitation. De fortes masses de plantations, placées sur les devants, sont souvent employées à ce dessin; quelquefois entremêlées de constructions dépendantes du bâtiment principal, et dont on ne laissera voir que ce qui peut convenir à l'effet pittoresque *. Le plus ou le moins d'élévation de ces premières masses sera déterminé par la position de la maison, qui, si elle est plus basse ou même au niveau du terrain qu'occupe le cadre, exigera des plantations moins élevées, afin de dégager davantage ce bâtiment. Dans la situation opposée, les masses pourront avoir plus de hauteur. Ces différences s'établiront, d'une manière permanente, par un choix judicieux des arbres et des arbrisseaux qui serviront à les composer.

----

* Ce motif ne doit pas cependant décider à planter si près des bâtiments qu'ils en éprouvent des inconvénients, soit dans leur solidité, soit dans leur conservation, ni qu'à plus forte raison ces plantations nuisent à la salubrité de l'habitation ; ce qui arrive presque toujours quand celui qui les a ordonnées n'a eu en vue que de masquer ces constructions.

Chaque tableau principal a son *ensemble de composition* particulier, qui naît du juste degré de position, d'espacement, de combinaison, et du rapport à un centre commun, de tous les objets qui servent à le former, et qui ne sont autres que ceux qui composent les scènes particulières, qui entrent elles-mêmes en plus ou moins grandes parties dans l'ordonnance de ces grands tableaux.

C'est à disposer toutes choses sur les lieux, conformément à ces principes, que consiste dans ce cas le talent du jardiniste. Il continuera donc à placer de chaque côté de son cadre (ce qui n'en est que la prolongation) une suite de *groupes d'assemblage*, formés d'objets variés, choisis convenablement au genre qu'il aura déterminé.

Ces groupes se détacheront, les uns derrière les autres, au moyen d'intervalles entre eux qui feront ressortir les saillies qu'ils forment sur la pelouse, et distinguer en même temps leurs distances réciproques; ce qui produira dans ces tableaux de la nature, l'effet que les peintres obtiennent dans les leurs par ce qu'ils nomment les PLANS, expression qui est aussi devenue propre à l'art des jardins. C'est sur ces *plans* que la vue se reposant de distance en distance (en y rencontrant des fabriques ou autres objets qui fixeront quelqu'instant ses regards), glissera insensiblement jusque sur le fond du paysage qui viendra toujours, quelqu'éloigné qu'il soit, se rattacher au centre de la composition, si le nombre et la dimension de ces *plans* sont bien proportionnés à l'étendue de l'espace.

Les *plans* qui concourent à la formation d'un même ensemble, doivent varier dans la direction de leur position, dans leur forme et dans leur élévation. Ces trois circonstances fixent l'effet des perspectives, quand elles sont bien observées, c'est-à-dire quand l'artiste a su, en établissant ses plans de cette manière, les balancer encore sans symétrie apparente, et maintenir ainsi l'équilibre dans sa composition ¹.

---

* Dans les tableaux qui offrent un grand développement, en embrassant de grands espaces, il est quelquefois nécessaire (pour rapprocher à l'œil une partie des

Le jardiniste se trouvera peut-être dans la nécessité de créer lui-même les fonds de ses tableaux, soit que, par la situation du local ou par le peu d'étendue du pays, il ne les rencontre pas dans la nature. C'est alors qu'il doit se livrer à tout l'essor de son imagination, pour trouver les moyens de suppléer à ce grand agent. Il redoublera donc d'attention sur le choix des objets et sur leur disposition, afin d'établir des profon-

principaux *plans* qui paroîtroient trop, par leur position, s'écarter de la perspective) de placer, en avant de ces plans et dans la direction du point de vue général, quelques objets intermédiaires et détachés, mais plus ou moins rapprochés du point central de la composition, suivant l'effet à obtenir. Les buissons et les arbres isolés, de petits massifs ou des groupes, ainsi que des objets légers d'architecture ou de sculpture, serviront aisément d'auxiliaires dans de telles occasions.

deurs qui, prolongeant la perspective, puissent produire l'illusion d'un lointain; effet qui peut avoir lieu en plaçant en avant, et à une assez grande distance du point le plus reculé, des massifs touffus, d'un vert foncé, entremélés de groupes élevés, à travers lesquels la vue, perçant sur des espaces éclairés coupés d'ombres légères, apercevra, dans le demi-jour, des fabriques qui se détacheront sur un fond de taillis d'un vert clair, en avant duquel de petits arbres ou des arbrisseaux, d'une nuance un peu plus forte, se feront remarquer *.

---

* Ce moyen n'est présenté ici que comme un simple exemple, et non comme principe général et absolu; une imagination féconde (mais toujours guidée par la raison) pouvant trouver beaucoup d'autres ressources, pour arriver au même but.

Les objets qui, de chaque côté, limitent les paysages, laissent au milieu d'eux des intervalles que les peintres appellent *l'air* dans leurs tableaux, et que le jardiniste désignera sous le nom d'espaces. Ce sont les *espaces* qui, rassemblant la vue, permettent aux regards du spectateur de se porter sur les objets les plus remarquables et sur les points les plus éloignés de la composition, dont ils deviennent eux-mêmes une partie constitutive en en déterminant l'effet. Leur étendue sera toujours en proportion avec les objets qui les environnent ou qui les terminent, afin qu'aucun d'eux (ceux surtout qui sont dans la dépendance du jardiniste) n'obstrue jamais la scène par un trop grand volume, ou ne se perde dans le vague par un effet contraire. Ces observations sont particulièrement applicables aux bâtiments d'habitation, et aux autres constructions que le besoin ou le goût auroient pu décider *.

Dans les sites favorisés par la nature, les gazons, les pelouses et les prairies se développeront sur les *espaces*. Quelques sentiers pourront s'y dessiner ; et si les eaux, en grandes masses ou en courants, viennent joindre leur limpidité et leur éclat à la fraîcheur de la verdure, cette réunion produira une variété de teintes et de reflets dont l'influence heureuse

---

* Moins il y a de bâtiments importants dans une composition, plus ils se font remarquer : la richesse des matériaux n'en fait pas toujours la beauté ; leur forme pure et la convenance en feront bien plutôt le mérite principal.

s'étendra sur tout l'ensemble du tableau.

L'exposition des différents paysages devra fixer particulièrement l'attention de celui qui se livre à la composition des jardins. Il aura sans doute remarqué que le jour de côté est le plus favorable aux tableaux de la nature, par la raison qu'il présente plus d'occasions de faire valoir la lumière par les ombres, et de l'interrompre à propos pour reposer l'œil, qu'un jour trop égal fatigueroit, au point de lui rendre tous les objets confus.

Pour prévenir ce dernier effet, que produiroit le jour éclairant trop en face (surtout au moment où le soleil est le plus élevé), il faut, dans la composition des tableaux ainsi exposés, former une partie des principaux *plans* avec des arbres élevés sur tige, ou avec des groupes simples ou composés, qui laissent apercevoir, dessous les branches et entre les corps des arbres, l'ombre que leur feuillage projette, ou sur le terrain situé plus loin, ou sur les massifs placés derrière.

L'exposition contraire mettant tous les objets dans l'ombre, des dispositions semblables laisseroient voir, par-delà les tiges des arbres, les coups de jour qui éclaireroient les intervalles qui se trouvent entre les différens *plans* de perspective, et cette pratique établiroit, dans l'un et l'autre cas, cette relation entre la lumière et les ombres si désirable dans tout effet pittoresque, soit de la nature, soit de l'art.

Les tableaux du jardiniste auront

aussi, comme ceux du peintre, leur *ensemble d'intérêt* qui résultera de l'influence proportionnée, sur LE TOUT, des principaux objets qui les composent et qui devront tendre chacun à l'expression du même caractère, si l'on veut que ces paysages captivent l'esprit et le sentiment des spectateurs aussi bien que leurs yeux.

Les bocages, les bosquets, des portions de futaies, ou les limites des bois, sont les espèces de plantations les plus convenables à la composition des grands tableaux, l'étendue de ces divers *sujets* assurant le caractère d'unité de *l'ensemble*, et les détails, propres à chacun d'eux, y répandant la variété.

Le jardiniste, moins heureux que le peintre son émule, voit chaque année, vers la fin des beaux jours, disparoître la plus grande partie du coloris de ses tableaux et ses paysages perdre presque tous leurs effets. Il a cependant la possibilité d'en retenir quelques uns encore par le soin et le goût qu'il mettra à distribuer dans ses compositions les *arbres toujours verts*. Loin de les jeter indistinctement et sans intention méditée, il les réservera pour en former des masses, par leur réunion, qu'il placera alternativement (mais sans trop de symétrie) avec les autres plantations; en sorte que, si une première masse d'arbres verts se trouve sur le devant, une autre, plus éloignée, ne soit entrevue qu'à travers des arbres dépouillés de leur verdure; une troisième masse peut se rapprocher de la bordure et n'être voilée que par un ou plusieurs arbres effeuillés, mais d'un branchage léger, pour reparoître peu après à découvert, et successivement à peu près de même.

En suivant ce système, la vue sera toujours maintenue sur les *plans* du tableau, sans pouvoir s'égarer au-dehors; et les parties ainsi plantées pourront encore présenter, au milieu de l'hiver, des aspects pittoresques *.

Les jardins resteroient imparfaits, si l'on se bornoit à la composition des

---

* Cette méthode aura beaucoup de succès dans des lieux étendus; dans un espace plus resserré, on placera seulement deux ou trois arbres verts au lieu de grandes masses, mais toujours d'après le même principe, et l'on en obtiendra le même effet, en observant, dans l'un et l'autre cas, de varier les nuances du vert avec autant d'attention que pour les autres plantations.

principaux tableaux créés plus particulièrement pour les aspects du manoir.
Les vives impressions que feront éprouver les heureux effets de ces paysages,
inspirant le désir d'en observer les détails et d'en connoître la suite; l'artiste
donnera donc encore les mêmes sòins à
la disposition des *scènes particulières.*
Leur distribution dépendra de la forme
et de l'étendue du local, qui peut offrir
plus ou moins de place à leurs développements successifs, qui doivent commencer de chacun des côtés de l'habitation
qui en sont susceptibles, pour les lier
progressivement, au moyen des sentiers
qui les parcoureront, aux parties les plus
éloignées du centre de composition générale, puis y ramener peu à peu par

des routes différentes de celles qu'on aura prises en le quittant.

Ces scènes enfin (pour parler en style figuré) sont, *au physique*, les anneaux de cette chaîne continue et compliquée, sans embarras, désignée sous le nom de TOUT-ENSEMBLE; et, *au moral*, les épisodes de ce poëme géorgique en réalité.

Pour terminer convenablement ce traité sur la jardinique, on va proposer, dans le chapitre suivant, une promenade dans un parc conçu et dirigé d'après les principes qui sont développés dans cet ouvrage, afin de faire encore mieux juger de l'application qu'il est possible d'en faire.

CHAPITRE X.

LE PARC DE BRUNEHAUT. *

✄⊙✄

Cette terre, située sur la route de Paris à Orléans, et à un mille d'Étampes, tire

* La description que comprend ce chapitre ayant été communiquée par l'auteur, précédemment à la première édition de cet ouvrage, a été insérée en partie dans plusieurs recueils, notamment, et accompagnée de deux gravures, dans le bel ouvrage de M. le comte *Alexandre de la Borde*, sur les nouveaux jardins de la France.

originairement son nom de la reine
BRUNEHAUT, qui eut là un château dont
il ne reste plus que quelques fondations
éparses sous terre, où l'on a trouvé, en
fouillant, quantité de monnoies romai-
nes, au coin des premiers empereurs,
des ustensiles en usage alors, et une
statue du dieu Priape, accroupi, de deux
pieds de hauteur. Ces découvertes pourroient faire conjecturer que ce lieu étoit
habité avant que la reine, dont il porte
le nom, l'occupât. Quoi qu'il en soit, les
jouissances qu'il procure aujourd'hui ne
laissent rien à regretter de son ancien état.

L'avenue qui conduit au manoir est
indiquée par une barrière qu'on trouve
sur le grand chemin à la 24me borne
millière. Cette avenue circulant au milieu

des bois, en remontant la pente et suivant les sinuosités d'un petit vallon, excite la curiosité du voyageur, qui se trouve amplement satisfaite par la scène imprévue qui se développe à son extrémité. En effet, le château se présentant sous l'apparence d'un FORT isolé et d'une forme pittoresque, placé sur une pelouse découverte, les belles masses d'arbres élevés qui l'environnent, et le reflet brillant des eaux qu'on aperçoit dans le fond, composent un premier tableau qui dispose favorablement ceux qui viennent visiter ces jardins.

C'est des quatre côtés de l'habitation qu'on jouit pleinement des diverses perspectives qui l'entourent; chacune d'elles a un caractère particulier; et l'art, dans leur composition, a toujours cherché à s'y cacher sous le voile de la nature.

Une des entrées principales de la maison a pour aspect une plantation en futaie d'un effet imposant; ces arbres, plantés par le célèbre Le Nôtre, bravent impunément les efforts du croissant *; rentrés, par succession de temps, dans le domaine de la nature, ils donnent à cette partie une empreinte de majesté.

La vue qui se présente du côté du couchant, se forme, à gauche, par une suite de bois taillis qui couronnent une agréable éminence; ces bois s'entr'ouvrent quelquefois pour laisser pénétrer la vue dans de profonds enfoncements,

* Instrument propre à l'élagage.

qui font ressortir avec avantage quelques arbres détachés qui les décorent. Des masses de pins et de hêtres jetées ensemble sur la pelouse forment la droite de ce paysage, dont le centre est animé par le grand chemin, sans cesse fréquenté, au-delà duquel des groupes d'arbres légers laissent apercevoir dans l'éloignement un coteau cultivé. Ce tableau, caractérisé par la simplicité, n'a pour tout ornement qu'un autel antique posé sur le gazon; premier monument érigé dans ces jardins, et consacré, par le propriétaire, A L'AUTEUR DE LA NATURE.

La perspective qui se dirige vers le nord se fait remarquer par la diversité. Les plantations variées qui l'environnent, et quelques parties de beaux bâti-

ments ruraux qu'on entrevoit avec intérêt entre des groupes et des massifs produisent un effet très-heureux sur cette
scène, enrichie encore par les pentes bien
modelées du terrain, le cours d'une rivière ornée de ponts, et un joli lointain.

Sur la quatrième face du château se
déploie un paysage du plus grand caractère; des masses d'arbres et d'arbrisseaux
à fleurs, composant un bosquet étendu,
d'un côté; de l'autre, des groupes d'arbres forestiers, qui forment un bocage,
encadrent un vaste tapis vert qui, par
une pente douce et gracieuse, s'étend
jusque sur les bords d'un lac. La prairie,
au-delà, est décorée de plantations qui,
par leur disposition combinée, contribuent beaucoup à l'effet du tableau.

Une rotonde, d'une bonne architecture, placée au milieu d'une île, des barques avec leurs mâts, leurs voiles et leurs banderoles, la vue et le bruit des eaux tombant en cascade, des ponts de différentes natures, qui fixent les regards, le mouvement des cygnes nombreux qui se jouent sur la surface des eaux limpides; tous ces objets, s'offrant sans confusion, font éprouver à l'observateur des effets pittoresques de la nature, les plus agréables sensations.

Cette première inspection des lieux fait naître le désir de les visiter particulièrement; les sentiers qui se présentent de toutes parts en facilitent les moyens.

L'ombre et la profondeur de la grande futaie semblent d'abord vous inviter.

9.

Après avoir parcouru ces bois l'espace de trois cents toises, le chemin s'enfonce dans un bois plus fourré, où l'on croit s'égarer, lorsqu'au premier détour la vue se porte dans toute la longueur d'un joli VALLON, coupé par des ruisseaux et des sentiers, et décoré d'objets intéressants.

Le premier qui s'offre à la vue est une colonne d'ordre dorique de trente-six pieds de hauteur; cette colonne, consacrée à la Concorde civile, est surmontée d'une belle statue, en pierre, de cette divinité consolatrice. On avance vers ce monument érigé sur la pelouse, et l'on y lit cette inscription :

CONCORDIÆ CIVIUM
CAROLUS VIART.
M. DCCC.

Sur une autre face du piédestal, on a gravé ces quatre vers d'Horace :

> Audiet cives acuisse ferrum,
> Quo graves Persæ meliùs perirent;
> Audiet pugnas vitio parentum,
> Rara juventus.

qu'on peut traduire ainsi :

> Les foibles rejetons des familles romaines,
> Ces restes échappés à nos fatales haines,
> Sauront de leurs aïeux les coupables exploits.
> Ils apprendront que Rome, en sa fureur extrême,
> Tourna contre elle-même
> Ces glaives dont le Parthe eût dû sentir le poids.

Cette conformité des circonstances, en des siècles si éloignés, ouvre une vaste carrière à l'imagination ; mais elle revient insensiblement à des idées plus riantes, en réfléchissant que ces malheurs, dont nous avons été témoins, sont déjà loin de nous ; et que l'union, si nécessaire au bonheur des Français, doit pour toujours en prévenir le retour.

La route, qu'on retrouve près de là, vous conduit sous la futaie qui borde le vallon, jusqu'à une source limpide donnant naissance à un petit ruisseau qui s'écoule en baignant les confins d'un vaste et tranquille bocage, que le chemin pénètre en y rencontrant une fontaine, et d'autres courants d'eau qui se réunissent bientôt après, pour former une petite rivière que l'on traverse sur un pont de pierre et de brique, d'architecture moresque, près de l'endroit où elle se jette dans le lac.

Les bords de cette grande pièce d'eau, vers lesquels on est naturellement attiré, offrent successivement divers tableaux, où le manoir, vu de l'autre côté, entre souvent comme objet principal.

En s'éloignant du lac, le promeneur se dirige entre des groupes et des massifs d'arbres et d'arbustes à fleurs qui, par leur ingénieuse combinaison, composent un bosquet remarquable, présentant à chaque pas des effets inattendus. Les intervalles, entre tous les massifs, forment des clairières variées, ornées d'arbres rares et précieux, de jolis sentiers, qui parcourent ce bosquet dans plusieurs directions, contribuent avec l'éclat des fleurs répandues en abondance, à faire ressortir le vert des gazons; et des eaux limpides, qu'on entrevoit de tous côtés et dont on entend la chute, procurent dans ces lieux une agréable fraîcheur qui invite au repos. On ne peut quitter un séjour si riant sans former le projet d'y revenir bientôt.

On passe près de là, sur un élégant pont de pierre, la rivière qui arrose l'intérieur des jardins, et qu'on voit un peu plus bas se joindre à celle de Juine. La route, ombragée d'une agréable plantation, suit quelque temps le bord de l'eau, et conduit autour d'un pâturage décoré par quelques massifs d'arbres, parmi lesquels un groupe de pins y forme un temple champêtre au dieu PAN, protecteur des troupeaux. D'un autre côté, des buissons d'épines et d'églantiers sauvages laissent entrevoir quelques parties de murailles qui attirent l'attention. Ce sont

les ruines très-anciennes d'un vieux châ-
teau-fort, dont il ne reste plus que quelques vestiges épars dans les broussailles,
ou répandus sur le gazon. A l'aspect de
ces ruines, on réfléchit naturellement sur
l'instabilité des choses humaines et sur
les ravages du temps; mais on se console
aisément du sort de cette vieille forte-
resse, en lisant les vers suivants tracés
sur une pierre :

Des antiques débris de ces murs, de ces tours,
Si l'œil se plaît encore à suivre les contours,
C'est que loin d'inspirer la crainte ou l'épouvante.
Ils assurent aux champs une paix triomphante.

Le cri des oiseaux de la basse-cour
vient bientôt vous distraire des idées de
destruction qu'on a pu concevoir. Au-
delà d'une belle partie de futaie, qu'il

faut traverser, un assemblage de constructions pittoresques est occupé par les
divers animaux à qui nous devons les
premières jouissances de la vie champêtre. Le potager, la vigne et les vergers
environnent ces bâtiments, qui n'abritent
que des êtres utiles, et que le philosophe
visite toujours avec quelqu'intérêt.

Le chemin principal monte insensiblement sous la grande masse de pins et de
hêtres, s'étend sur la pelouse vis-à-vis la
maison, et va rejoindre l'obscurité des
bois que l'on parcourt long-temps. Un
pavillon qu'on y rencontre en prévient la
monotonie. Cet agréable réduit, consacré
aux muses, ou au repos, est un hommage
rendu au poëte harmonieux des jardins;
le buste de Delille en orne la façade, et

l'on y lit sur un marbre, placé au-dessous, ces vers tirés d'un de ses poëmes :

Heureux qui dans le sein de ses dieux domestiques,
Se dérobe au fracas des tempêtes publiques;
Et, dans un doux abri trompant tous les regards,
Cultive ses jardins, les vertus et les arts.

L'intérieur de ce pavillon est d'un genre convenable à sa situation, et contient les choses suffisantes aux courts instants qu'on peut s'y arrêter.

On descend dans les bois jusque sur les prairies, que l'on traverse pour arriver à un moulin. Cette fabrique, d'un grand effet, a l'avantage de réunir l'utile à l'agréable; les deux roues que l'eau y met en mouvement, sont d'un assez bon produit, et forment, avec la masse des

10

bâtiments qui composent l'établissement,
un ensemble très-pittoresque.

Plus bas, un simple asile de construction rustique, et sur le bord des eaux,
renferme des filets et tous les instruments
de la pêche. Vous vous arrêtez involon-
tairement à cet endroit, qui offre un joli
point de vue et une fraîcheur délicieuse.

Le cours de la rivière indique naturellement celui du sentier qui la suit assez
long-temps; si l'on s'en écarte pour percer au fond d'un grand massif touffu et
planté d'ifs qui disposent au recueille-
ment en annonçant un monument de
deuil, on en revient toujours pénétré
d'un profond sentiment de mélancolie.

La rivière, un peu plus loin, forme un
grand circuit où un banc se trouve placé

vis-à-vis le confluent de la Juine; on y
jouit d'agréables échappées de perspective, qui se succèdent sur la route, jusqu'au moment où la vue se déploie en
liberté sur la surface transparente des
eaux du lac, qu'on voit de là dans presque toute son étendue.

Parmi les différents objets qui ornent
cette scène, le temple, bâti dans l'île, fixe
particulièrement les regards. Une barque,
qui s'offre à la rive, engage à l'aller visiter.

Ce temple, consacré à l'Amitié, est
décoré extérieurement de trois porti-
ques, et des statues des plus illustres
amis célébrés par l'antiquité. L'intérieur,
d'une noble simplicité, renferme trois
grandes tables saillantes, où sont inscrits
les noms du possesseur de ces jardins,

des membres de sa famille, et ceux de leurs plus fidèles amis.

Après s'être livré au plaisir de s'exercer sur l'eau, on peut, en allant débarquer dans le fond d'une grande baie, remonter au château, en traversant une partie du bosquet ou bocage des fleurs, et en passant le pont de bois jeté sur la rivière, qui sort du lac, qu'on voit tomber en cascade, et d'où l'on jouit d'un des aspects le plus attrayant que le parc renferme.

Au retour de cette promenade on observe, avec un nouvel intérêt, les principaux tableaux qui environnent l'habitation, et l'on juge mieux encore L'ENSEMBLE de tous les objets de cette composition.

FIN.

TABLE.

꒰⊛꒱

	Pages.
AVERTISSEMENT	5
PRÉFACE	9

CHAPITRE PREMIER.

| RÉFLEXIONS PRÉLIMINAIRES . . . . | 13 |

CHAPITRE II.

DES SITES	18
1. Plaines	ib.
2. Éminence	20
3. Coteaux, montagnes et vallons	21
4. Vallons simulés	23
5. Rochers	25

CHAPITRE III.

| DES PLANTES . . . . | 28 |

		Pages.
1.	Arbres isolés	30
2.	Arbrisseaux et arbustes isolés.	33
3.	Groupes	34
4.	Massifs.	37
5.	Bocages.	39
6.	Bosquets	45
7.	Bois	50
8.	Forêts	59
9.	Plantes herbacées à fleurs.	62
10.	Prairies, gazons et pelouses	66

CHAPITRE IV.

DES EAUX		69
1.	Sources.	70
2.	Ruisseaux.	71
3.	Rivières	72
4.	Lacs	77
5.	Marres	86
6.	Étangs	89
7.	Torrents	92
8.	Cataractes, chutes et cascades	93
9.	Fleuves.	96
10.	La Mer.	100

CHAPITRE V.

DES CONSTRUCTIONS		103
1.	Habitations.	104

Pages.

2. Monuments 106
3. Fabriques utiles. 109
4. Ponts 112
5. Ruines. 126
6. Barrrières et palis 128
7. Bancs 130
8. Chemins et sentiers. . . . . . . , . . . 132

CHAPITRE VI.

REMARQUES *sur plusieurs des sujets précédemment traités*, APPLICABLES *à la composition des scènes et de l'ensemble* 142

Ier. Les Sites 144
IIe. Les Bois 145
IIIe. Les Prairies. 147
IVe. Les Eaux 148
V^e. Les Constructions 150

CHAPITRE VII.

DU CARACTÈRE DES SCÈNES, ET DE LEUR COMPOSI-
TION 158

CHAPITRE VIII.

PRÉPARATION A LA COMPOSITION GÉNÉRALE . . . 168

CHAPITRE IX.

DE LA COMPOSITION GÉNÉRALE, OU DU TOUT-EN-
SEMBLE 181

Pages

CHAPITRE X.

LE PARC DE BRUNEHAUT. 203

FIN DE LA TABLE.